THÉORIE

DES

ÊTRES ORGANISÉS.

PREMIÈRE PARTIE,

RENFERMANT LES GÉNÉRALITÉS

DE LA VIE ORGANIQUE.

THÉORIE

DES

ÊTRES ORGANIQUES

D'ANDRÉ SNIADECKI,

TRADUIT DU POLONAIS

PAR J. J. BALLARD ET DESSAIX,

MÉDECINS DES ARMÉES FRANÇAISES A LA CAMPAGNE DE RUSSIE.

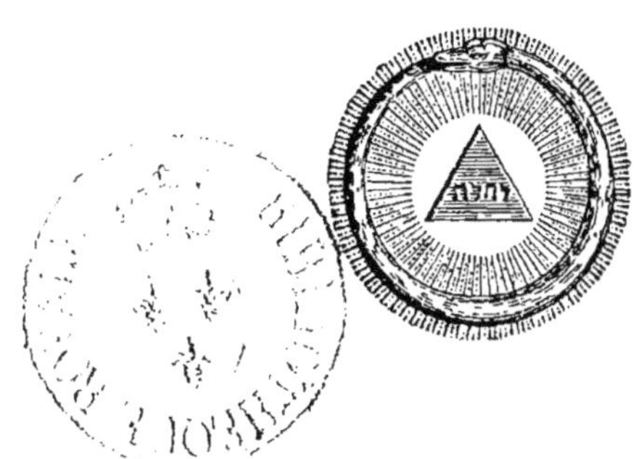

PARIS,

Chez GABON, MÉQUIGNON et BARROIS, Libraires.

1824.

PRÉFACE

DE L'AUTEUR.

—

IL y a une dixaine d'années et plus, que récapitulant les divers systêmes connus en médecine, et balançant, en particulier, leurs inconvéniens et leurs avantages, ce travail donna naissance aux réflexions qui sont les rudimens de l'ouvrage que j'offre ici au public. J'avouerai qu'à cette époque je n'avais pas dessein de m'engager dans une entreprise aussi difficile : je ne pensais alors qu'à réunir et à disposer, dans un certain ordre, des observations éparses et isolées. Je jugeais avec raison que jettées dans le monde savant, elles y fructifieraient ; donneraient lieu à d'autres idées successives, et pourraient peut-être conduire aux conséquences les plus importantes. Je vivais encore dans la portion trans-Niémen de la Pologne ma patrie, et désirant écrire pour mes voisins les Allemands, je fis, en langue latine, mon premier cadre, sous le nom de Pensées Phisiologiques. Mon retour en Russie, suspendit l'impression de cet opuscule. Occupé dans la suite d'une longue série de travaux et de charges publiques, je perdis jusqu'au souvenir de cette conception trop peu murie. Elle était même depuis lors restée enfouie dans mes manuscrits; lorsqu'il y a deux ans environ, que les mêmes raisons se représentant à mon esprit, je revis alors ce premier travail; j'en reconnus à la fois l'imperfection et l'importance. Je résolus donc de traiter le même sujet et de l'écrire dans ma langue maternelle, afin que les développemens en devinssent plus intelligibles et plus à la portée de tous.

A peine me fus-je imposé cette nouvelle tâche, que je vis à chaque pas s'aggrandir la carrière que j'avais à parcourir. Je reconnus que mes prémices embrassaient non seulement toute la théorie des êtres organiques en général, mais qu'ils atteignaient aussi aux lois trop peu connues de la vie humaine; qu'enfin ils coordonnaient, d'une manière régulière, toute la science de l'homme sain et malade, ensemble les moyens de prévenir et de dissiper l'état de maladie. Je possédais de cette façon toute la médecine, sinon dans ses détails les plus minutieux, du moins dans ses parties les plus essentielles. Quelqu'obstacle que dussent mettre à l'immensité de ce travail, mon impatience et ma paresse naturelles, je résolus néanmoins de les surmonter tous, d'éprouver si la science médicale ainsi envisagée, ne changerait pas de face à mes yeux, et jusqu'à quel point le raisonnement seul était susceptible d'avancer ou de perfectionner nos progrès dans la connaissance, le traitement et l'éloignement des altérations du corps humain. Désirant placer un certain ordre dans cette suite d'opinions isolées, je divisai mon travail en trois parties entièrement distinctes qui s'enchaînant mutuellement, marchassent, en particulier et dans leur ensemble, de conséquence en conséquence, jusqu'au dernier résultat ou au complément de ma théorie. La première partie n'est que le développement général de mon système des êtres organiques. La seconde applique les principes établis dans la première, à la vie humaine, soit dans

(viij)

l'état de santé, soit dans celui intermédiaire entre la santé et la maladie, soit enfin dans la condition de maladie même. Elle embrasse le classement des causes de ces changemens et des vues générales sur les moyens propres à les atteindre. La troisième enfin et dernière partie renferme le tableau systématique de toutes les souffrances et de toutes les maladies de l'homme, en même temps la série des moyens qui peuvent servir à leur guérison.

Je sais combien le plus grand nombre des savans est ennemi de tout ce qui s'appelle systême, et de toute espèce de raisonnement, même en médecine. Je n'ignore pas que le sort de toutes les théories et de toutes les interprétations de la nature peut, jusqu'à un certain point, justifier un jugement aussi sévère. Mais une telle façon de penser n'est-elle pas honteuse aux yeux d'un médecin philosophe? n'est-ce pas là une véritable maladie de l'esprit humain, qui ravale les connaissances et retarde leurs progrès? comment ne pas concevoir cependant, que sans une théorie bien basée et bien réfléchie, il n'existera jamais de vraie science; et que sans la science, il n'existera pas non plus de médecine ? Les plus grands génies ont constamment cherché à s'élever au-dessus de ce préjugé, funeste à la science, et à la débarrasser ainsi de ses ridicules entraves. Il importe donc pour y parvenir de travailler à une théorie médicale, mais en évitant toutefois les fautes dans lesquelles sont tombés nos prédécesseurs, et de procéder pour cela dans nos recherches d'une manière philosophique.

Mais quels seront les caractères auxquels on pourra reconnaître une théorie véritable et parfaite? Les voici ; c'est qu'en premier ordre, elle doit être basée sur l'expérience et sur les observations, non pas telles que nous les voyons tourmentées chaque jour dans la plupart des systêmes, dont les auteurs n'annotent jamais que les portions les plus convenables à leur opinion et à leurs vues, et négligent toutes les circonstances qui n'y ont pas un intime rapport, ou qui en dérangeraient même entièrement cette harmonie, objet de leur complaisance ; mais bien cette expérience et ces observations habituelles, qui frappent chaque jour et sans interruption les yeux de tous les hommes, et auxquelles il est impossible de ne pas adhérer

au même instant. Secondement, *une théorie fondée sur de pareilles bases doit embrasser et inter-
préter clairement tous les phénomènes naturels;
elle doit exciter dans tout homme pensant un sentiment si puissant de conviction, qu'il croie aussitôt que la chose est en effet et ne peut pas être
autrement. Car de même que rien ne peut outre-
passer les limites de la nature et aller contre ses
lois, de même aussi aucun des phénomènes naturels ne doit se trouver hors du cercle d'une telle
théorie. Voilà en quoi je pense que des principes
sur lesquels repose celle que je présente ici, peuvent supporter toutes les épreuves d'une saine cri-
tique; car en annonçant d'abord que l'eau, l'air
atmosphérique, la chaleur, la lumière et les alimens sont des corps indispensables à l'existence
des êtres vivans ; et que ceux-ci ne peuvent s'entretenir un seul moment sans leur secours, est
une de ces vérités que personne ne peut révoquer
un instant en doute. Secondement, que l'organisation soit une condition également indispensable
à la vie et qu'elle lui soit entièrement subordonnée,
est une autre proposition incontestable, puisque
dans le langage même le plus vulgaire, les noms*

d'êtres vivans ou organiques sont pris dans la même acception et sans la plus petite différence. Enfin, qu'une certaine classe de matière soit seule susceptible d'entretenir la vie chez les êtres organiques, ne me paraît pas non plus pouvoir entraîner aucune réfutation sérieuse. Si quelqu'un y répugne, qu'il essaye de vivre, un seul jour, de sable, d'argile, ou de métaux ; que nouveau Midas, il puisse métamorphoser en or tout ce qui tombera sous ses sens ! Celui qui pourrait détruire la certitude de ce théorème deviendrait le plus grand bienfaiteur du monde, car il en bannirait à jamais la disette et la faim, les plus terribles fléaux des hommes. Exempts pour toujours des besoins de la propriété et du travail, il les délierait de la suggestion de tous les liens sociaux, et arrêterait ainsi la source de toutes les passions, et conséquemment de toutes les vertus et de tous les crimes.

Mais celui qui a accordé ces trois principes, s'est déjà enlevé tous les moyens de reculer et de se refuser aux corollaires qui en dérivent.

C'est pourquoi l'amour-propre d'auteur, bien moins que le sentiment profond de la vérité, me fait regarder la théorie que je livre au tribunal du monde savant, comme inébranlable dans ses fondemens et capable de supporter la sévérité des juges les plus difficiles. Il serait cependant très-possible que dans le cours du raisonnement, dont cet ouvrage n'est qu'une série constante, je me fusse trop permis, entraîné par le premier élan d'une imagination ardente et remplie de son objet. Si cela était, je livre moi-même à la censure ces portions erronées, qui n'altéreront jamais je crois, les bases fondamentales de cette théorie. Quiconque s'est quelquefois concentré en lui-même, sait quel enthousiasme extraordinaire nous communiquent des idées importantes et nouvelles, et pardonnera facilement aux erreurs légères qui peuvent s'être glissées dans de pareilles circonstances. Mais qui ne sait penser, ni se délivrer des entraves de l'opinion et des préjugés, celui-là dis-je n'a aucun prix à mes yeux et peut s'abstenir de tenter la lecture de cet écrit.

Je suis cependant obligé de réclamer la bonne volonté et la patience de ceux qui désirent embrasser la véritable contexture de cette théorie.

Qu'ils ne la jugent pas indiscrètement, dès le premier abord, et avant d'en avoir parfaitement envisagé et conçu tant la masse que les différentes parties. Il ne faut pour y parvenir aucune connaissance préparatoire. Celui-là est déjà entiérement préparé à la recevoir, auquel les sciences physiques sont familières, qui a une idée générale de la chimie, et qui peut ainsi sentir et juger sainement des choses. Mais celui même qui étranger à ces connaissances, n'a non plus ni fausses données ni préjugés, possède également tout ce qu'il faut pour la concevoir et prononcer sur elle. Rien de plus simple et de plus facile à comprendre que la nature, et les sciences s'en rapprochent d'autant plus, ainsi que de leur perfection, qu'elles sont plus aisées, plus naturelles et plus évidentes.

Quel est le genre de connaissances, qui plus que la médecine, ait le droit d'intéresser l'homme ? Cet art, de même que toutes les autres sciences humaines, ne s'est formé que par degrés insensibles, contraint de n'arriver à la vérité que peu à peu, et ayant à combattre tous les préjugés des siècles et les manœuvres perpétuelles de la sottise et de l'erreur. Les grands génies que cette science si importante a possédés en assez grand nombre, ont malheureusement par fois avancé ses progrès d'abord, puis concouru à l'anéantissement de la vérité, par des doctrines spécieuses, dont la futilité, plus tard reconnue, ne laissait plus qu'un vide immense à leurs admirateurs. En lisant attentivement l'histoire de la médecine, nous voyons qu'il n'est aucune des connaissances humaines qui aient éprouvé tant de changemens, de secousses et de révolutions; et cependant la masse entière n'a pu jusques à présent être réunie et coordonnée en une doctrine systématique et régulière. Les plus grands talens, les esprits les plus pénétrans, qui se sont succédés dans leurs travaux sur cette scène dangereuse, accueillis souvent avec applaudissemens et admiration, en sont sortis, comme c'est l'ordinaire, avec le dédain et les huées des spectateurs. Heureux encore celui dont on a admiré l'ouvrage sans partager même sa doctrine. Quant à moi, quoique convaincu que je le sois, qu'il est impossible de renverser ces premiers élémens généraux de la théorie des êtres organiques; effrayé néanmoins par tant d'exemples malheureux, je ne crois pouvoir user de trop de circonspection et de défiance pour en faire la base d'une doctrine médicale complète. Ces raisons me détermineront à reculer de quelque temps les deux parties qui doivent suivre celle-ci, assuré qu'il n'est personne qui pénétré de l'importance et de la difficulté de l'entreprise, puisse m'accuser et me condamner pour ce retard.

PRÉFACE

DE L'ÉDITEUR.

Le monde entier connait la noblesse polonaise, son caractère chevaleresque, son patriotisme, son amabilité, son histoire et ses malheurs. Le siècle dernier l'a vue fuyant un territoire morcelé, qui ne portait plus pour elle le doux nom de patrie, errer dans les deux hémisphères, offrant son bras généreux partout où se moissonnait la gloire. Enfans perdus de Mars, paladins de l'Europe moderne, il est peu de combats où des Polonais n'aient figuré dans les rangs des vainqueurs ou dans le nombre des victimes; et nos armées n'ont pas oublié ces braves qui, long-temps nos compagnons d'armes, rivalisèrent d'honneur et de courage avec nos plus intrépides guerriers. Fils aînés de ces Esclavons, dont la famille immense couvre encore de ses débris une portion de l'*Asie* et les deux tiers de la vieille *Europe*, placés naguères comme un boulevart imposant entre la civilisation et la barbarie ; si leur sort a changé, s'ils ont été tant de fois déçus dans l'espoir de ressaisir cet avant-poste glorieux, si des circonstances indépendantes de leur valeur paraissent les avoir soumis pour toujours aux cadets de leur antique race, leur caractère national s'est toujours conservé le même au milieu de tant d'infortunes et de tant de revers. Quel est le *Français*, qui de retour dans ses foyers, après cette expédition malheureuse sur l'ancienne capitale des *Czars*, ne se ressouvienne avec un sentiment profond de reconnaissance que c'est à des *Polonais* auxquels il a dû ces tendres soins, ces attentions touchantes qui ont rappelé son existence déjà glacée, et qui en adoucissant les rigueurs d'une captivité longue et lointaine, lui ont permis de revoir enfin cette *France* chérie !

Adherat lingua palato..... antequam immemor sim tui!!

La Pologne guerrière est connue : son histoire depuis l'invasion de *Darius* jusqu'à la nôtre, n'est qu'une succession de guerres et de combats plus ou moins glorieux ; mais la Pologne savante est une mine féconde à peine encore entr'ouverte, probablement bien moins à raison de la distance des lieux, que par les difficultés qu'offre cette langue mère, qui ne connait rien d'analogue à elle dans les idiômes jargonés de l'Europe moderne. Et cependant, vif, léger et spirituel comme le Français, profond comme l'Allemand, rusé comme le Chinois, paresseux comme l'Espagnol, nomade comme l'Anglais ou l'Arabe du désert, orgueilleux comme le Brame, unissant à lui seul tous les contrastes de l'Europe et de l'Asie, ancien berceau de ses pères, le Polonais, malgré l'état de guerre habituelle attachée à sa position topographique, à la forme de son gouvernement, à ses lois et à son caractère primitif, avait déjà enrichi sa littérature de chefs-d'œuvre, lorsque les autres peuples européens avaient encore la leur au berceau. Les noms des Kochanowski, des Krasinski, des Naruszewicz etc., sont célèbres en Pologne comme dans notre langue pauvre mais néanmoins universelle, ceux des Pascal, des Racine, des Corneille, etc. Loin de nous toutefois, l'idée d'établir un parallèle entre les littératures française et polonaise; mais dans la position où se trouvait cette dernière, nous lui devons tenir compte de ses succès, et démentir par des exemples illustres, l'opinion erronée de ceux de nos écrivains qui n'ont vu dans sa bibliographie, qu'une liste de traducteurs plus ou moins fidèles, ou tout au plus de quelques imitateurs plus ou moins serviles des productions de l'esprit des nations étrangères.

L'ouvrage, que nous publions ici, est une preuve de la vérité de cette assertion. Il a exigé de la part de son auteur des réflexions profondes et dignes de nos plus célèbres physiologistes, parmi lesquels il lui donne une place distinguée lui-même. Homme d'État, physicien, chimiste, médecin, etc., le docteur Sniadecki a mis à contribution les ressources variées de ces diverses connaissances, pour passer en revue tous les anneaux de la grande machine organique, et essayer de faire, s'il lui était possible, un pas de plus que ceux qui l'ont précédé dans l'étude de l'homme physique, et dans les vues toutes mystérieuses de la nature. Philosophe et chrétien, il n'a pu recourir au vague des hypothèses souvent ingénieuses, mais toujours futiles, sur la création primordiale ; et c'est hors de l'univers lui-même qu'il a dû rechercher, trouver et prouver la cause éternelle de son existence. De cette source première, abîme dans lequel se perd l'intelligence humaine, dérivent des effets, qui par leur rapport, leur liaison et leur enchaînement admirables, deviennent pour l'homme des causes premières que son esprit commence à saisir, et dont l'harmonie offre chez l'auteur une force nouvelle et des développemens d'ensemble, qu'aucun n'avait encore, avant lui, réunis sous ce point de vue et avec une masse de faits et de raisonnemens aussi séduisans. C'est dans l'exposé de sa théorie que l'auteur marchant pas à pas, du simple au composé et au complexe, n'emploie pour conduire son lecteur dans ce dédale inextricable, que le fil des observations naturelles, qui, comme il le dit lui-même, sont les plus familières à l'esprit humain, et qui tombent sous les sens de tous les hommes. Séduits par le prestige de ces grandes idées, et par la série des vérités presque mathématiques qui en découlent, nous conçûmes le

projet, mon honorable confrère le docteur Dessaix et moi, et sans nous l'être communiqué,
d'enrichir la littérature médicale française de cet
ouvrage précieux. A notre retour en France, et
après une captivité de deux années, qui nous per-
mit de connaître et d'apprécier les qualités per-
sonnelles et l'érudition profonde de l'auteur, nous
nous communiquâmes et nous refondîmes ensemble nos manuscrits ; et malgré l'envie que nous
avions l'un et l'autre de les voir mis au jour, il
est probable qu'une pratique civile étendue et les
détails d'un grand hôpital militaire, m'eussent
permis de les publier de sitôt, si l'espèce de
loisir que me laisse en ce moment l'état heureux
de salubrité de l'armée, ne m'eut permis, sous un
ciel brûlant, de penser à ce chef-d'œuvre du climat
glacé, que le malheur me fit habiter autrefois. C'est
donc après l'avoir, ainsi que le docteur Sniadecki
lui-même, laissé reposer dans mon porte-feuille,
pendant dix années entières, que je commencerai
par hazarder le premier volume de l'ouvrage, me
réservant de donner successivement, mais très-
promptement, les deux autres, lorsque j'aurai vu
l'accueil que la France savante aura fait à celui-

ci, qui renferme à lui seul déjà les prolégomènes et les bases fondamentales de la théorie des êtres organiques.

Madrid, le 10 Novembre 1823.

Le Médecin principal du 1.er corps d'armée,

Ch.er J. J. BALLARD, D. M.

TABLE DES MATIÈRES

CONTENUES DANS CE VOLUME.

	Page.
Préface de l'Auteur......................	5
Préface de l'Editeur......................	16
Table........................	23
Introduction. — *Division des corps naturels en* corps organiques *et* inorganiques. §. 1ᵉʳ....	33
Subdivision des premiers en végétaux et animaux. §. 3........................	34
Chapitre premier. — *Exposition des principes généraux qui forment la base de la Théorie des êtres organiques.*	
Les êtres organiques ne peuvent vivre sans l'influence des corps environnans extérieurs. §. 6, 7.	37
Quels sont ces corps? §. 8......................	38
Ce que nous nommons puissance vivifiante §. 9....	38
n'existe pas au même degré dans tous les corps. §. 10........................	39
La vie est un certain mode d'existence dans la matière. §. 13........................	40
Les corps vivifians ne font qu'entretenir la vie §. 15.	41
qui ne peut avoir lieu que dans les êtres *organiques.* §. 17........................	42
Tous les êtres organiques ont été créés. §. 20....	44
La force créatrice subsiste encore dans la totalité de l'organisme, §. 21......................	45
mais n'est que transitoire et accidentelle chez les individus. §. 26........................	49
Etablissement de la force organique et individuelle des fonctions chimiques. §. 28..............	52

(xxiv)

Page.

La force organique seule ne constitue pas par elle-même la vie. §. 30 53

Celle-ci dépend de la présence non interrompue des forces *individuelles*, et de l'effort également constant des puissances vivifiantes. §. 31 54

La vie ne peut plus reparaître, là où elle s'est une fois éteinte. §. 32 55

Tous les êtres vivans s'organisent sans cesse. §. 33.. 55

Conditions auxquelles est liée la vie. §. 34 56

L'unique voie qui puisse nous assurer une influence sur la vie individuelle, est la connaissance des puissances vivifiantes. §. 35 56

CHAPITRE II. — *Considérations sur les alimens, les boissons, et toute la matière en général, qui entre dans la composition des êtres vivans. — Examen de celle où ont lieu l'organisation et la vie. — Etablissement de la* viabilité, *nouvelle propriété de la matière.* §. 37 58

De la matière viable et non viable. §. 40 61

Elémens viables. §. 41 61

Les végétaux, après les avoir élaborés les transmettent aux animaux. §. 44 65

La matière viable forme souvent au sein de la terre des combinaisons chimiques : § 46 67

Cette matière n'a par elle-même aucune faculté organique. §. 47 67

Le nombre des êtres organiques et la population ont leurs limites. §. 48 68

La vie est néanmoins le patrimoine exclusif de la matière viable. §. 49 70

CHAPITRE III. — *Considérations plus rapprochées sur la vie. — Manière dont les puissances extérieures vivifient. — Forces quiescentes ou anti-organiques.*

Les puissances vivifiantes sont elles-mêmes viables. §. 51 74

(xxv)

Page.

La vie consiste dans une vivification et une organisation constante de la matière. §. 52........   75

Motifs qui nécessitent les puissances vivifiantes.
§. 53..............................   76

La viabilité est une tendance à l'organisation.
§. 55.............................   79

Cette puissance peut s'affaiblir. §. 56..........   81

Lois qu'elle suit dans ce cas. §. 57............   82

Les *individus* doivent changer sans interruption la
matière qui les constitue. §. 58..............   82

Des excrétions des êtres vivans. §. 59..........   83

L'essence de l'existence *individuelle* est dans les
forces organiques. §. 60.....................   84

Les excrétions des êtres organiques ne sont pas viables pour les individus dont elles proviennent.
§. 61...................................   85

Loi de viabilité relative aux alimens destinés aux
animaux. §. 62..........................   86

La matière viable est, chez les êtres vivans, dans
un mouvement continuel. § 63..............   87

Ces êtres s'élaborent et se décomposent sans cesse.
§. 64..................................   87

Les corps vivifians tendent à nous décomposer et à
nous détruire. §. 66.......................   90

Accroissement de la viabilité. §. 67............   91

Forces anti-organiques. §. 68..................   92

Les affinités sont les seules forces qui s'opposent à
l'assimilation chez les végétaux. §. 71.........   96

CHAPITRE IV. — *De l'affinité. — Manière dont
elle se comporte dans les êtres organiques
vivans et privés de vie. — Nécessité de la chaleur pour les êtres vivans; son mode d'action
et son influence.*

Qu'est-ce que l'affinité? §. 72.................   98

Quelles sont ses lois? §. 74...................   99

(xxvj)

Page.

Les affinités s'exercent contre les forces organiques.
§. 75... 100

La chaleur seconde l'action des forces organiques :
§. 76... 101

Elle favorise également la décomposition et est conséquemment l'auxiliaire de toute la vie. §. 77.. 102

Fonctions organiques et chimiques. §. 78........ 103

Différence de l'organisation d'avec la combinaison
organique. §. 79................................ 105

Chaque être demande une température différente
pour sa vie. §. 82............................... 108

Influence de la chaleur sur la végétation. §. 83... 109

Rapport des affinités aux forces organisatrices, d'où
proviennent la différence et le changement des
combinaisons organiques. §. 86................ 112

Théorie de la fermentation. §. 87............... 113

CHAPITRE V. — *Enfouissement de la matière
viable du globe. — Son retour à la surface
terrestre.*

Embaumemens : momies égyptiennes. §. 96...... 124

Le lit des mers s'élève insensiblement par le détritus
des montagnes et les débris des êtres organiques.
§. 97... 125

L'eau élabore avec le temps les dépôts organiques
souterrains en corps gras terrestres. §. 98..... 127

Théorie des tremblemens de terre et des volcans.
§. 99... 128

Les volcans sont éminemment utiles à l'ensemble
des êtres organiques. §. 101................... 132

CHAPITRE VI. — *Considérations plus particulières sur la vie des plantes. — Détermination
des forces organiques qui agissent sur elles.*

Les corps extérieurs agissent sur les végétaux par la
viabilité et par les affinités. §. 103........... 136

La végétation est l'effet de l'action réciproque de

(xxvij)

	Page.
la viabilité , des forces organiques et des affinités. §. 104............................	137
Leur équilibre est mutuel. §. 105...............	138
Pourquoi les plantes ne peuvent-elles végéter sans chaleur ?. §. 106........................	139
Le soleil est une des causes de la vie. §. 107......	140
La végétation est, sous le point de vue chimique, une décombustion. §. 108.................	141
Raison pour laquelle les plantes ont besoin du libre abord de l'oxigène. — Température végétale. §. 109............................	143
Action des corps qui opèrent par la force des affinités sur les végétaux. §. 111..............	147
CHAPITRE VII. — *Considérations analogues sur la vie animale.*	
La chaleur est aussi une des causes de la vie des animaux. §. 112.........................	149
On ignore de quelle manière les animaux décomposent l'eau. §. 113......................	150
La force assimilatrice animale doit aussi réagir contre les cohésions organiques. §. 114...........	150
La matière se soustrait aux puissances chimiques, en raison de son perfectionnement organique. §. 115...........................	151
La différence des alimens se reconnait aussi dans les cohésions zoo-organiques. §. 116............	154
Les animaux qui vivent de viandes se renouvellent plus promptement que ceux qui vivent de végétaux. §. 117........................	155
Des forces de la vie chez les animaux. — Chez lesquels d'entr'eux la vie est-elle la plus compliquée? §. 119.........................	157
Causes qui entretiennent ou qui diminuent leur fonction calorifiante. §. 120................	159
Causes qui produisent l'exaltation de cette fonction. §. 121............................	160

(xxviij)

Page.

Puissances organiques nuisibles. §. 122.......... 160

Poisons végétaux. §. 123..................... 161

Contagions et virus animaux. §. 125............ 164

Différence et analogie des poisons et des contagions. §. 129................................ 168

CHAPITRE VIII. — *De la reproduction des êtres organiques.*

Les genres et les espèces ne peuvent subsister que par la formation constante des individus. §. 130.................................... 170

Chaque être isolé possède une double existence, *individuelle* et *générique*. §. 131............ 172

L'acte de la reproduction n'est pas une fonction individuelle. §. 132....................... 173

La fonction générique consiste dans l'insertion de la force *individuelle*. §. 133............... 174

Cette insertion nécessite une matière convenablement préparée. §. 134..................... 175

Elle s'opère par le contact de la semence masculine avec l'œuf. §. 135...................... 176

La nouvelle force doit être le résultat de la réunion commune des deux auteurs. §. 136........... 176

Deux individus d'espèces différentes ne peuvent exciter cette force nouvelle. §. 138........... 178

Il paraît que dans cet acte la semence du mâle joue le rôle le plus important. §. 139............. 180

La conception n'est pas le réveil d'un être déjà formé. §. 140........................... 181

Les *individus* ne multiplient pas exclusivement par des œufs. §. 141...................... 183

La postérité des êtres a été renfermée dans leurs auteurs. §. 144........................ 185

Comment peut-on expliquer cet axiome ? §. 145... 185

La conception de l'œuf n'est que l'acte qui lui confie la puissance assimilatrice. §. 146............. 186

(xxix)

Page.

CHAPITRE IX. — *Cours de la vie des êtres organiques. — Accroissement, maturité, déclin et
destruction.*

Les plantes préparent aux animaux la matière viable. §. 147.. 189

La vie est, dans la matière, un changement constant de formes, et dans une forme donnée, un
changement perpétuel de matière. §. 148...... 190

Les organes se changent en d'autres organes, et
cette succession est régulière. §. 149......... 191

La même chose a lieu dans les individus. §. 151... 193

Formation successive et progressive des organes :
§. 152... 194

Elle a son point culminant, son décroissement et sa
chûte. §. 153.................................... 196

Equilibre mutuel des forces organiques et anti-organiques. §. 155.................................. 198

Les forces organiques agissent en raison inverse
des masses. §. 156.............................. 199

Chaque *individu* est différent à chaque terme de son
existence. §. 157............................... 200

La durée de la vie est proportionnée à la lenteur de
l'accroissement de l'*individu*. — Causes qui font
quelquefois varier cette loi naturelle. §. 158.. 200

CHAPITRE X. — *Examen des puissances extérieures qui peuvent agir sur l'économie animale. — Appréciation de leur rapport et de leur
équilibre.* §. 161.............................. 205

La matière qui entre dans les êtres sous forme d'alimens, est viable ou non viable. §. 162....... 206

La facilité de l'assimilation de la matière viable est
en rapport de ses affinités. §. 163........... 207

Cette matière est d'autant plus viable qu'elle est
moins élaborée. §. 164.......................... 208

Les différentes parties d'un même être possèdent la
viabilité à des degrés différens. §. 165........ 209

(xxx)

Page.

La position relative de chaque être, dans le classement des corps vivans, détermine la viabilité de la matière qui agit sur eux. §. 166........... 210

La même chose a lieu dans les différentes parties du même être. §. 167................ 211

Plus est vif, chez un être donné, le mouvement circulatoire de la vie, et plus fréquent aussi est pour lui le besoin d'alimens. §. 168........... 212

Chaque *individu* peut être envisagé comme ayant sa mesure de viabilité particulière. §. 169....... 213

Cette mesure détermine l'espèce de ses alimens. §. 170................. 215

Eu égard aux phénomènes vitaux, tous les alimens peuvent être considérés comme des corps excitans. §. 171................. 215

Ceux-ci déterminent plus ou moins l'élaboration ou la décomposition organiques. §. 172.......... 216

Les corps non-viables détruisent et désorganisent. §. 173................. 217

Les corps viables excitent les deux espèces de phénomènes de la vie. §. 174................ 219

Le premier est néanmoins la fonction organique, et la fonction chimique n'est que successive. §. 175................. 219

Salubrité des corps organiques. §. 176.......... 220

Les corps qui excitent avec excès les fonctions organiques se ferment eux-mêmes la voie à leur action ultérieure. §. 177................ 221

Plus ils exaltent ce genre de fonctions, et plus ils anéantissent les fonctions chimiques. §. 178.... 222

Les stimulans trop énergiques excitent deux genres de phénomènes opposés entr'eux. §. 179...... 223

Comment distinguer les corps viables des corps non viables. §. 180................. 224

La vie *individuelle* peut être anéantie par des puissances trop excitantes. §. 181................ 225

Page.

Effet du défaut absolu des puissances vivifiantes. §. 182.......................... 227

Le mode d'action des stimulans varie dans leurs espèces. §. 183.......................... 228

Chapitre XI. — *Fonctions des êtres organiques. — Action isolée de leurs organes.*

Manière générale d'envisager la vie. § 185...... 229

Causes des différens phénomènes de la vie, suivant la différence de l'organisation des êtres. §. 186. 230

Que penser de l'irritabilité et de la sensibilité ? §. 189.......................... 233

Les mêmes lois ont lieu dans chaque être isolé, ainsi que dans tout le monde vivant. §. 190.... 237

Le degré d'élaboration organique détermine celui de perfection dans les organes. §. 191....... 238

Chacun d'eux, indépendamment de la vie commune, vit d'une façon qui lui est particulière. §. 192.......................... 239

Tous éprouvent un renouvellement perpétuel. §. 194.......................... 241

L'action extrême des organes détruit les êtres auxquels ils appartiennent, §. 196.............. 243

en entraînant une évacuation pernicieuse. §. 197.. 244

La matière viable parcourt dans chaque être une certaine série d'organes. §. 198.............. 244

Chapitre XII. — *Récapitulation succinte des principes émis jusqu'ici.* §. 201............. 249

Chapitre XIII. — *Remarques sur la Théorie Brownienne.*

Court exposé de ce systême. §. 213............. 262

Sa réfutation. §. 215.......................... 269

Notes.......................... 278

THÉORIE

DES ÊTRES ORGANIQUES.

INTRODUCTION.

———

§. 1ᵉʳ — Tous les corps de la nature qui constituent notre globe terrestre, se divisent en **deux** grandes classes. Dans la première, nous voyons une matière inerte, occupant un espace indépendant d'une volonté qui ne lui a pas été donnée, soumise à toute impulsion étrangère, et ne possédant, par elle-même, aucun principe de changement, aucun mouvement intérieur. Quelle que soit la forme qu'affecte cette matière inanimée, les corps qui lui appartiennent, pourraient exister seuls et par eux seuls, et abandonnés à eux-mêmes, traverser ainsi, immobiles et inaltérables, l'immensité des siècles. Nous les désignons sous les **noms** de corps bruts, matériels ou *inorganiques*. **La** seconde classe, au contraire, nous présente des êtres évidemment pourvus d'un certain mouvement intérieur, et sujets à une succession continue d'altérations et de changemens. Leur existence n'est que passagère; ils commencent, se développent, atteignent une période de perfection, et finissent par se détruire, après avoir produit d'autres êtres semblables à eux, et destinés à les remplacer et à leur survivre. Nous appellons ces seconds corps, doués du principe de vie, vivans, ou bien eu égard à leur structure, organisés ou *organiques*.

§. 2. — La différence essentielle qui existe entre les corps inorganiques et les êtres vivans, est donc celle-ci : les premiers sont par eux-mêmes dans un état parfait de repos, s'y maintiennent et conservent ce caractère d'une manière indéfinie, dès qu'ils sont soustraits à l'influence des autres corps de la nature : les seconds, au contraire, se trouvent dans un état indispensable de mouvement, qui cesse aussitôt et pour jamais, dès qu'ils sont privés de cette influence. Le cours entier de cet ouvrage doit établir avec la plus grande clarté cette différence.

§. 3. — Les êtres organiques se divisent ordinairement en deux ordres , qui sont les végétaux et les animaux. Les premiers, fixés par leur nature au lieu où ils prennent naissance, s'y développent, y fructifient et y terminent leur carrière ; n'ayant aucun moyen de se transporter d'un lieu à un autre, ou de locommotion qui leur soit propre. Les seconds, plus ou moins mobiles et pourvus d'une volonté active, peuvent changer de séjour ou d'emplacement, au gré des circonstances externes ou internes qui les y sollicitent. On verra plus tard que l'existence des végétaux est liée à la terre, à l'air et à l'eau, tandis que celle des animaux tient tout à la fois à la terre, à l'air, à l'eau et aux végétaux mêmes.

§. 4. — Nous disons donc que tous les êtres organiques *vivent*. Cette vie, pour tous, consiste dans leur accroissement, leur développement, et une certaine propriété qui leur est particulière, et par laquelle ils choisissent, élaborent et s'assimilent quelques-uns des corps qui les environnent; elle consiste encore dans un sentiment et un mouvement plus ou moins bornés, et plus ou moins perceptibles chez les différens genres d'êtres organiques. Certains philosophes ont voulu, mais sans aucun fondement, borner ces deux dernières propriétés aux seuls animaux, quoiqu'ils ne les manifestent pas tous avec une égale évidence. Quant à la sensibilité des autres êtres, nous pouvons très-difficilement décider la question, nous qui nous sommes formés, d'après nous-mêmes, l'idée du sentiment, et qui l'avons ensuite transportée aux animaux les plus analogues à nous par les phénomènes de leur existence. Cette analogie s'éloigne bien davantage dans les animaux d'un ordre inférieur, et surtout dans les végétaux ; d'où il résulte qu'à supposer même ces derniers doués d'une sensibilité exquise dans son espèce, le mode par lequel ils doivent témoigner leur sensation, doit être aussi tout-à-fait différent de celui que présente avec nous le plus grand nombre des animaux.

§. 5. — Ainsi deux phénomènes, plus aisés à concevoir qu'à décrire, caractérisent sans exception le monde vivant : *l'organisation* et *la vie*. Pour nous en convaincre, nous n'avons qu'à jetter les yeux sur nous-mêmes et sur l'infinité des êtres qui nous environnent. Ce sont les lois dont ces phénomènes dépendent, et les forces auxquelles ils sont invariablement soumis, que nous allons plus particulièrement rechercher dans le cours de cette théorie.

CHAPITRE PREMIER.

Exposition des principes généraux, qui forment la base de la Théorie des Êtres organiques.

§. 6. — **T**OUS les êtres qui peuvent s'offrir à nos considérations, appartiennent au grand tout qui compose l'univers., et sont liés à la terre, comme partie intégrante de son système. Ils sont par cela même unis à tous les autres corps de la nature, qui doivent essentiellement influer sur leur état et sur leur existence. Ainsi ne pouvant s'affranchir de cette dépendance, ils sont *avant tout* asservis à toutes les lois physiques qui régissent les corps terrestres en général.

§. 7. — Mais indépendamment de ce lien commun, qui embrassant indistinctement toute la matière, n'est pas le partage exclusif de la vie ; les êtres vivans tiennent, par des relations d'autant plus fortes et plus intimes, aux corps qui les environnent, qu'ils ne peuvent vivre sans leur présence et sans leur secours. Une expérience générale et journalière nous démontre en effet, que nul être vivant ne peut de lui-même conserver sa vie, s'il est parvenu à rompre tous ces rapports.

§. 8. — Cependant tous les corps environnans n'ont pas, sur l'être vivant, une influence également forte et également manifeste; la plupart même semblent n'avoir avec lui aucun rapport : ceux qui sont le plus essentiellement liés à son existence sont l'air, l'eau, le calorique, la lumière et les alimens. Isolé de tous à la fois, cet être perd à l'instant la vie. Leur soustraction partielle entraîne inévitablement aussi les mêmes résultats, mais seulement d'une manière plus prolongée ou moins rapide.

§. 9. — Cette considération simple, et que l'observation rappelle chaque jour, nous apprend que ces corps doivent avoir une certaine influence, une certaine action propre à l'entretien de la vie : ce mode d'opération, quelqu'il soit, peut être général ou simplement particulier à chacun de ces agens extérieurs. Nous nous occuperons plus tard de leurs rapports spéciaux avec l'organisme. En attendant, nous voyons évidemment qu'ils se ressemblent tous par un point; c'est que chacun d'eux est uniformément indispensable à la vie. Si donc, sans avoir, pour ce moment, aucun égard à leur influence particulière, nous considérons seulement qu'ils sont tous d'une nécessité absolue pour la vie, nous pourrons leur attribuer en commun une certaine puissance, ou une propriété commune, que nous désignerons sous le nom de puissance *vivifiante*.

§. 10. — Personne ne peut regarder comme dénuée de fondement et de preuves, l'assertion d'une telle propriété; car l'admettre, c'est tout simplement dire en d'autres termes, que la vie a un besoin impérieux de ces corps extérieurs. Cette expression ne se rapporte pas du tout à l'espèce d'action, que ces agens peuvent exercer sur l'économie vivante. Elle énonce seulement la proposition reconnue incontestable, qui est, que tous ces corps sont rigoureusement nécessaires à la vie.

§. 11. — Mais bien que chacun de ces corps possède indubitablement la puissance, que nous avons désignée sous le nom de *vivifiante;* ce n'est pas dire pour cela qu'elle existe au même degré chez tous. La lumière, par exemple, semble moins indispensable à la vie, que le calorique, l'air, l'eau et les alimens. La soustraction de l'eau n'anéantit pas non plus aussi promptement la vie, que celle de l'air et du calorique. D'autres forces vivifiantes exclusivement propres à certaines classes d'êtres vivans, paraissent tenir d'une manière moins intime encore à son maintien.

§. 12. — Les événemens naturels, ou plus strictement parlant, l'ensemble des phénomènes qui nous frappent dans les êtres vivans, et auxquels nous attachons l'idée de la *vie*, doivent donc évidemment être, au moins en partie, l'effet des puissances que nous avons nommées *vivifiantes;* puisque tout être vivant doit être continuellement vivifié, pour qu'il lui soit possible d'entretenir et de conserver la vie.

§. 13. — Eu égard à la matière qui entre dans la composition des êtres vivans, ainsi qu'à la place qu'ils occupent, nous pouvons les envisager tous, comme des corps physiques : et puisque les puissances vivifiantes appartiennent aussi incontestablement aux corps physiques; la vie sera donc, dans l'acception générale, le résultat de certaines opérations également physiques qui se passent entre la matière morte et la matière animée, un mode d'existence de la matière qui lui est particulier **et** qui ne peut exister qu'en elle.

§. 14. — Ce n'est pas que l'action des puissances vivifiantes suffise seule pour constituer la vie ; car indépendamment de ce que leur influence ne produit aucun effet analogue sur les corps inertes ; les êtres vivans eux mêmes ne peuvent être ranimés, dès qu'une fois ils sont, ne fut-ce que depuis un seul instant, privés de la vie. Déjà toutes ces puissances ont entièrement perdu sur eux toute leur action et tout leur pouvoir. Nul exemple d'une vraie résurrection par des moyens naturels. La vie ne peut être maintenue et entretenue que par la vie.

§. 15. — Cette remarque nous apprend, que l'action de ces puissances ne s'étend pas jusqu'à donner, ou pouvoir donner la vie à quelqu'être que ce soit ; mais qu'elle peut seulement l'alimenter sans cesse, et l'empêcher de s'éteindre un seul moment, dans ceux qui l'ont une fois reçue, et où elle **a** déjà commencé son existence. Nous débuterons donc dans notre théorie par ce premier théorème.

La vie existant déjà chez un être quelconque, ne peut y être entretenue et maintenue, que par les relations continuelles de cet être vivant avec les puissances vivifiantes extérieures.

§. 16. — Si les puissances vivifiantes ne peuvent servir qu'à la conservation d'une vie, qui a déjà dû commencer et durer par elle-même pour son propre maintien : quelle est donc l'origine de cette vie ? quelle est la source où elle a pris naissance ? Pour trouver une solution quelconque à ce problême, essayons de découvrir s'il n'est pas encore d'autres conditions essentiellement liées à la vie, et quelle en est la nature ?

§. 17. — En premier lieu, la vie elle-même et l'action des puissances, que nous avons plus haut désignées sous le nom de vivifiantes, ne peuvent avoir lieu que dans les êtres *organisés*. A chacun d'eux appartient une structure organique particulière, à laquelle sa vie est unie d'une manière si intime, que la destruction ou seulement l'altération de l'une, entraîne irrévocablement la perte de l'autre. L'expérience a tellement convaincu les hommes de cette vérité, que lorsqu'ils veulent donner la mort à leurs semblables, ou à quelques-unes des autres créatures vivantes, ils se bornent à mettre en usage les moyens qui peuvent en anéantir, ou simplement en déranger la structure organique.

§. 18. — Mais quelle est la cause de cette *organisation* que nous avons vu être la condition inséparable de la vie et de l'action des puissances vivifiantes? quelle en est l'origine? comment cette structure organique persévére-t-elle dans tous les êtres vivans, d'une façon immuable, à travers les siècles qu'elle a parcourus? Les genres et les espèces décrits il y a mille ans, sont encore aujourd'hui exactement ce qu'ils étaient alors. Ils se succèdent sans interruption les uns et les autres, naissent et se reproduisent toujours absolument semblables à leurs types originels. Les phénomènes de la vie, si variés dans chacun d'eux, restent toujours les mêmes, dans les mêmes espèces. C'est donc de leur organisation que dépend cette uniformité ou cette différence. Mais quelle est la puissance qui maintient cette forme et qui la contraint à persister dans son mode particulier d'organisme ?

§. 19. — Quoique tous les corps vivans soient des corps physiques et matériels; on ne peut cependant pas en inférer que la vie ou l'organisme soient des propriétés innées et inhérentes à la matière ; puisque nous voyons à chaque instant, que cette même matière actuellement organisée et vivante, peut perdre et perd en effet sa vie et sa structure organique ; elle devient alors morte et tout à fait inerte. Cette forme n'est donc pas inséparable de la matière, dès qu'elle peut lui être enlevée et qu'elle ne peut pas se la donner elle-même. Mais dès qu'elle s'organise et que la vie lui est imprimée, il doit exister une force particulière quelconque, qui place, coordonne et enchaîne dans l'être une matière auparavant inerte, informe et insensible. Poursuivons cet ordre de recherches.

§. 20. — La faculté de s'organiser n'est pas innée à la matière ; elle ne peut se la donner : d'où l'a-t-elle donc reçue ? Toute la création vivante n'est que l'assemblage d'individus séparés : nous les voyons tous commencer et s'éteindre ; leur ensemble n'aurait-il donc pas eu son origine ? Cela est inévitable. Car dès qu'il est constant que la matière ne peut s'organiser, ni puiser chez elle-même la force organique ; que cette force ne lui est point innée, ne lui est point essentielle, n'est pas une condition inséparable de son existence ; nous devons aussi, de toute nécessité, reconnaître qu'il a dû primitivement exister une impulsion quelconque communiquée, un certain mouvement imprimé à la matière, qui y a déterminé les formes organiques et constitué la vie. Quelle a été une pareille mutation dans la matière, relativement à tous les êtres organiques, sinon leur création simultanée ? Tous ces êtres ont donc eu une création primitive.

§. 21. — Dès qu'il est certain que cette force créatrice, n'existant pas primordialement dans la matière, lui a été imprimée pour la première fois, lors de la création des êtres organisés; nous devons aussi en inférer que cette impulsion une fois donnée ne peut s'arrêter d'elle-même; la matière n'ayant pas une puissance capable de la supplanter ou de l'anéantir chez elle. D'où nous concluons, *que cette force, qui lors de la création des premiers êtres, a, pour la première fois, donné une forme organique à la matière, se maintient et persiste jusqu'ici la même.* Car si d'autre part il est certain que les mêmes genres et que les mêmes espèces d'animaux subsistent encore, sans avoir en aucune façon, changé la structure de leurs analogues primitifs; il s'ensuit que la cause de cet effet continue et doit persévérer comme cet effet lui-même. Quelle que soit cette cause première, puisque toute conformation organique en dépend avant tout; sans avoir aucun égard à sa nature, nous l'appelerons désormais puissance *organisante* ou *organique*.

§. 22. — L'esprit humain ne peut, en aucune façon, se former une idée vraisemblable, de la manière dont cette force créatrice a primitivement imprimé la structure organique, à la matière auparavant informe et sans puissance. Notre intelligence se refusera donc également à concevoir ce qu'est cette force, et comment elle organise la matière : y prétendre, serait vouloir pénétrer dans la création elle-même. Nous ne pourrons jamais la considérer, que comme une de ces causes premières, sur lesquelles la science ne peut élever que des hypothèses. Quelle qu'immuable que soit encore son action sur les êtres vivants; sa nature et son mode d'opération seront toujours, pour nous, des mystères impénétrables. Nos tentatives dans ce but, nos conjectures à cet égard, peuvent donc être toutes considérées comme devant être superflues et stériles.

§. 23. — Cependant les effets de cette grande

puissance, c'est-à-dire l'organisation et la vie qui en dépend, étant l'objet constant d'observations et de recherches, peuvent, dans leur ensemble, former un véritable corps de doctrine. Par elle, nous pourrons apprécier cette puissance organique, et atteindre aux lois de son action sur les corps. De ces lois, les unes peuvent être considérées sans exception comme *générales* à tous les êtres doués d'organisme et de vie ; d'autres sont *communes* seulement à quelques genres et à quelques espèces ; d'autres enfin tout-à-fait *particulières* à un petit nombre d'individus. Ces deux dernières classes doivent naturellement être soumises à la première, par cela même qu'elle embrasse la totalité de l'organisme.

§. 24. — On ne s'étonnera pas si, au sujet de la création des êtres organiques et de l'animation de la matière, loin de suivre les traces de plusieurs hommes célèbres, j'ai cru devoir remonter aux premiers êtres vivans et aux premiers produits de la force créatrice. Car d'abord, de quelque manière qu'on l'envisage, cette théorie ne peut être considérée comme une hypothèse ou une base arbitraire, mais bien comme une conséquence rigoureuse de principes évidens et irrécusables. Tout effet naturel doit reconnaître une cause qui lui a donné naissance, et nous ne concevons les changemens qui s'opèrent dans la matière, qu'en admettant de certaines forces qui les y déterminent. En résultat, que tout homme judicieux et sincère se demande, s'il peut le sentir et le concevoir d'une autre manière ? Tout dans la nature doit avoir une cause ; les causes connues ne peuvent être elles-mêmes, que des effets d'autres causes cachés ou inconnues : aussi le genre humain tout entier et par un sentiment unanime, preuve de la plus forte vérité, s'est-il constamment rattaché à une première création de toutes choses. Vainement quelques philosophes se sont-ils efforcés d'affaiblir, ou d'anéantir même ce sentiment général et indélébile. Cette voix s'est toujours fait entendre à travers leurs dogmes fantastiques ; et l'éternelle vérité qu'elle proclame, n'a jamais pu être ensevelie dans le cahos des erreurs, qui ont successivement dominé les hommes. Si tant de têtes ont élevé sur la création, des hypothèses aussi monstrueuses qu'invraisemblables, doit-on pour cela taxer cette origine d'incertitude ? Ne faut-il pas plutôt en accuser cette fureur qui nous entraîne sans cesse à vouloir comprendre et expliquer ce qui dépasse les bornes de notre intelligence.

§. 25. — Quand Newton le premier, expliqua par l'attraction le système du monde ; quand armé de cette force étonnante, dont il avait dérobé le secret aux cieux, il attacha les planètes au soleil et les satellites à leurs planètes mêmes : il apperçut aussi, qu'avec cette force seule, l'univers serait encore resté immobile et que le cours des globes célestes ne se fut jamais accompli ; si dès le principe, et au même instant chez tous, le mouvement n'eut été imprimé à ces grands corps. Il en conclut clairement alors, qu'animés de cette impulsion dont ils ne peuvent s'affranchir, ils sont éternellement contraints de circuler autour d'un centre commun et général.

§. 26. — Mais d'un autre côté, bien que nous ayons établi (§. 21), que la force organique, une fois communiquée à la matière, ne puisse plus l'abandonner, et qu'ainsi la vie en activité ne doive plus s'y éteindre ; l'expérience journalière et constante nous démontre cependant que les individus vivans éprouvent un sort tout contraire. Nous voyons en effet ces êtres isolés, commencer, naître, croître, se perfectionner, puis s'approchant insensiblement de leur chute, terminer entièrement leur existence. La durée indéfinie n'appartient donc qu'à l'organisme universel; elle peut s'étendre aux genres et aux espèces une fois créés, sans avoir le même égard pour les êtres individuels. Ce qui vient de nouveau nous convaincre que, bien que la force organique imprimée à la matière en général, ne puisse plus jamais lui être enlevée; elle n'est cependant que passagère et accidentelle chez les individus vivans : et qu'ainsi elle peut se trouver conférée momentanément, puis soustraite à une certaine masse de matière. La puissance organisante doit donc être envisagée sous plusieurs points de vue. D'abord comme universelle et agissant sur toute la matière, nous pourrons l'appeler force *organique générale ou commune à la matière* : secondement comme particulière à tels genres ou à telles espèces d'êtres vivans, et comme caractérisant leurs différences, nous la nommerons *force organique des genres ou des espèces* : troisièmement enfin, comme propre à chaque individu, nous la regarderons comme constituant *la force organique individuelle*.

C'est surtout cette dernière qu'il nous importe d'examiner dans les plus grands détails. En effet, la création vivante entière, tous les genres et toutes les espèces se maintiennent d'eux-mêmes ; mais les *individus* attendent souvent leur conservation de nos secours.

§. 27. — Cependant, comme le grand tout organique se compose des genres et des espèces représentés par les individus eux-mêmes ; sa conservation dépendant du renouvellement de ces derniers, chaque *individu* ne peut plus être envisag comme une parcelle de ce grand assemblage l'existence a commencé par la force propre à ganisation générale. Nous pouvons donc, eu à chaque *individu*, poser définitivement ce prin *tout être vivant jouit d'une force qui lui est pre, et qui dérive de la création primitive de l semble organique, force qui d'abord commen puis entretient et perfectionne l'organisation de l dividu, et à laquelle par conséquent, cet être d son origine, sa texture organique et toutes les pr priétés qui en dépendent.* C'est cette force qu nous avons nommée plus haut : *organique indivi duelle* (§. 26). Si des effets analogues attesten toujours des causes analogues elles-mêmes. Si la matière ne peut s'organiser que par l'effet de cette cause primordiale ; partout où nous verrons la matière inorganisée et informe revêtir la structure organique et ébaucher la vie, là doit aussi commencer l'action des forces organiques : et par opposition celles-ci doivent naturellement s'arrêter et s'éteindre dès que la matière se dépouille de sa forme organique : enfin lorsque la matière organisée ne fait que changer de structure, mais demeure toujours vivante, nous devons aussi là présupposer un changement de forces organiques.

§. 28. — Tous ces cas sont compris dans ce qui suit : dans l'individu qui commence, la force organique a dû précéder, ne fut-ce que d'un moment, l'origine de cette vie nouvelle. D'où il résulte que le début d'un *individu* quelconque, n'est que le premier acte d'une force organique individuelle. Chaque fois l'être vivant attire à lui et s'assimile la substance inorganisée qui l'environne, chaque fois aussi il y a, sur cette substance, action des forces *individuelles*. Lorsqu'un être organique est, en qualité d'aliment, absorbé par un autre, la force *individuelle* du premier doit être nécessairement remplacée par celle du second. Le premier de ces cas porte le nom de *fécondation* ou de *conception*, et les deux autres celui d'*assimilation*. Nous appellerons désormais *fonctions organiques* (processus organici) toutes ces actions, comme dépendant de la force que nous avons nommée organique.

§. 29. — Mais puisqu'il est invraisemblable, comme nous l'avons remarqué plus haut (§. 22), que nous puissions parvenir à découvrir la nature de cette force, ni les moyens qu'elle emploie pour donner à la matière une structure convenable à la vie ; nous devons également convenir que les fonctions organiques, considérées dans la manière dont se comporte cette force, ne peuvent jamais non plus faire l'objet de nos recherches et leur demeureront toujours impénétrables.

§. 30. — On ne peut cependant pas attribuer la vie à la seule force organique : ce n'est pas en elle qu'on doit rechercher uniquement les causes d'un aussi grand changement, et de tous les phénomènes qui se présentent chez les êtres organiques. En effet, si cette force ou l'organisation qui est son ouvrage, eut pu seule et par elle-même constituer la vie, ces premiers individus qui l'avaient reçue de la création primitive, auraient dû la conserver indéfiniment et sans aucun autre secours ; ainsi se suffisant à eux-mêmes et indépendans de toute servitude, il n'eut pas existé de cause qui eut jamais pu interrompre chez eux l'organisation et la vie. Or, l'expérience nous démontrant que toute vie est précaire et ne peut se maintenir sans l'assistance de ces corps que nous avons nommés plus haut vivifians (§. 9) ; il en résulte indispensablement que la force et la structure organiques ne peuvent elles seules embrasser et constituer toute la vie. Ce qui nous ramène au principe que nous avons posé plus haut, en disant (§. 15) : *La vie existant déjà chez un être, ne peut y être entretenue et maintenue, que par les relations continuelles de cet être vivant avec les corps vivifians extérieurs.*

§. 31. — Donner à un individu quelconque les premiers rudimens de la vie, c'est lui communiquer la force organique, en vertu de laquelle son être commence (§. 28). Si donc nous réunissons le premier principe de notre théorie avec le second, il s'en suivra que *l'existence débute bien réellement avec l'introduction de la force individuelle ; mais que pour cela l'individu ne pourra encore ni s'or-*

ganiser, ni vivre, si les puissances vivifiantes ne l'excitent sans relâche à remplir ces fonctions. La vie dépend donc toujours et de la présence constante de la force individuelle, et de l'influence continuelle des puissances vivifiantes.

§. 32. — Mais la force *individuelle* ne serait pas constamment présente, si elle cessait d'agir , ne fut-ce qu'un moment. Elle doit, par sa destination et sa nature , se maintenir sans cesse active. Ne s'arrêta-t-elle qu'un instant; comme elle n'est pas une force innée à la matiere, et qu'elle ne peut seule et par elle-même se redonner le mouvement et la vie, une nouvelle impulsion créatrice serait absolument nécessaire à son existence. C'est cette cause si simple qui fait que la vie qui vient de s'éteindre sur l'heure , est terminée sans espoir de retour.

§. 33. — Dès que la force organique doit être, chez les individus vivants, dans une activité continuelle et non-interrompue ; dès que chaque résultat de cette vie, chacun de ses mouvemens doit être une organisation de la matière , ou du moins une tendance à cette organisation ; il s'ensuit que *tout être vivant s'organise sans cesse pendant la durée de sa vie*, ou, ce qui revient au même, que la vie est une fonction organique continuelle, une *assimilation* permanente. Cette vérité, la plus importante de celles auxquelles nous puissions atteindre dans la doctrine de la vie, servira de base fondamentale à notre théorie.

§. 34. — La vie est donc en général liée aux conditions suivantes [a]. Dans tout être vivant, la force *individuelle* doit agir continuellement et sans relâche [b]. Chacun d'eux doit être constamment en relation avec les puissances vivifiantes extérieures. L'absence de l'une ou de l'autre de ces conditions empêche la vie d'éclore, ou suffit pour l'anéantir lorsqu'elle a déjà reçu l'existence.

§. 35. — Ignorant ce que c'est que la force organique et de quelle manière elle débute dans l'individu qui est appelé à la vie, il nous est impossible de la produire, de l'augmenter ou de la changer par aucun moyen immédiat : ainsi nous ne pouvons, de ce côté, exercer aucune influence sur la vie. Il n'en est pas de même des puissances vivifiantes : objet constant de nos observations et de nos recherches, susceptibles d'être soumises à l'analyse, à la mesure et au calcul, elles méritent par cela même que nous reportions sur elles tous nos regards. C'est par leur connaissance parfaite et leur emploi convenable, que nous parviendrons en effet à diriger, et conséquemment à maîtriser les fonctions organiques et la vie. Telle est l'unique voie qui puisse nous promettre, avec une espèce de certitude, un empire assuré sur le cours de la vie individuelle.

§. 36. — Enfin, dès que les puissances vivifiantes extérieures sont de différentes espèces ; et que chacune d'elles placée dans un rapport particulier avec les êtres vivans, possède une action qui lui est propre et spéciale : il nous importe d'abord, de déterminer et d'évaluer leur influence et leur degré particulier d'énergie ; puis de découvrir et de calculer leur corrélation commune, et les effets qui en sont les résultats. Cette connaissance embrasse tout ce qu'il nous est permis de savoir sur les relations des êtres vivans avec les autres corps de la nature ; un classement parfait de ce genre doit comprendre la portion la plus importante de la théorie de la vie.

8.

CHAPITRE II.

Considérations sur les alimens, les boissons et toute la matière en général, qui entre dans la composition des êtres vivans. — Examen de la matière dans laquelle ont lieu l'organisation et la vie. — Etablissement de la viabilité, *nouvelle propriété de la matière.*

§. 37. — Tous les êtres vivans demeurant dans un rapport perpétuel avec les corps qui les environnent, en absorbent une grande partie, partagent avec eux la force organique qui leur est propre (§. 28), et se les assimilent, ou en d'autres termes, les convertissent en leur propre substance. L'observation journalière nous démontre néanmoins, d'une manière évidente, que les êtres organiques n'adoptent pas ces corps à l'instant et sans distinction, et qu'ils ne se les associent pas non plus en totalité après leur absorption; mais qu'ils observent constamment à cet égard un certain choix, qu'une étude plus approfondie nous apprend être le suivant.

§. 38. — Tous les êtres organiques, ou bien vivent aux dépens les uns des autres, ou s'alimentent des matériaux résultant de la destruction et de la décomposition d'autres êtres organiques ; c'est-à-dire, se nourrissent les uns des autres, ou emploient dans le même but leurs débris. L'homme vit de viandes et de végétaux ; nombre de quadrupèdes se répaissent de chairs ; d'autres s'alimentent uniquement de végétaux. Les oiseaux font également leurs proies d'animaux, de poissons, de vers, de reptiles, d'insectes, ou s'entretiennent des produits de la végétation. Il en est de même des poissons, des vers et des insectes. Indépendamment de cela, l'air et l'eau sont deux substances indispensables à tous, pour l'entretien de leur existence ; et sous ce point ils s'accordent avec les végétaux, qui ne peuvent non plus vivre sans leur secours. Sous le rapport de la nutrition, les végétaux sembleraient, au premier abord, faire une exception à notre loi générale : incapables, en effet, d'élaborer et d'assimiler la matière organisée, leurs racines pénétrent dans le sol, leurs tiges

s'élèvent, leurs rameaux se déployent dans l'atmosphère et y puisent l'humidité et les sucs terrestres
que leur force d'organisation particulière convertit en leur propre substance. L'air et l'eau
paraissent donc être, et sont en effet les principes
alimentaires des végétaux. Mais des observations
plus exactes nous apprendront aussi que, malgré
cette contradiction apparente, ces matériaux qui
servent d'alimens aux plantes, qu'ils puisent dans
le sol et dans l'atmosphère, et ceux dont se nourrissent les animaux eux-mêmes, sont en dernier
résultat absolument identiques.

§. 39. — La masse du globe terrestre n'est
point toute entière, susceptible d'être élaborée en
êtres vivans; et bien que la vie, dans le sens le
plus étendu, soit le résultat de certaines conditions
physiques existant entre la matière inerte et la matière vivante (§. 13); la majeure partie ne peut, en
aucune façon, concourir à ces conditions, par cela
seul, qu'elle n'est pas susceptible de nourrir les
êtres organiques, et de réparer leurs pertes. Cette
portion brute et inaccessible à l'organisme, se trouve
principalement enfouie dans les profondeurs du
globe, dont elle forme le noyau ; tandis que les êtres

vivans, et toutes les substances préparées pour l'entretien et la conservation de leur existence, en recouvrent partout, et en embellissent la périphérie.

§. 40. — Si donc, une portion seulement de la matière qui constitue le globe terrestre, peut servir à la nutrition des êtres vivans; si tous les alimens qu'ils reçoivent, se transforment insensiblement en leurs parties solides et fluides, et finissent par s'organiser complétement; enfin si cette matière s'échappant des corps organisés, se change de nouveau en d'autres corps organiques : une telle matière, qui seule parcourt ainsi sans cesse la série des êtres doués de la vie, doit posséder aussi exclusivement les conditions nécessaires à l'organisation et à la vie (§. 39). Afin de les distinguer à cet égard, l'une de l'autre, désormais, nous nommerons l'une, matière *non viable, non vitale* ou *non alimentaire*, et nous donnerons à l'autre exclusivement les noms opposés de *viable, vitale* ou *nourricière*. Tous les corps qui en sont formés, qu'ils soient organisés ou non, recevront ceux de substances *vitales* ou *viables* dans la suite de notre théorie.

§. 41. — Qu'est-ce donc que cette matière viable? Quelle en est la nature? De quels élémens se compose-t-elle? Problèmes faciles à résoudre, si nous considérons que cette matière forme, ou bien a formé, et peut encore former de nouveau, des êtres vivans; que celle qui constitue les corps organiques, doit être essentiellement viable; qu'ainsi les propriétés qui la distinguent comme matière, et les élémens dans lesquels on peut la résoudre, doivent être évidemment les élémens et les propriétés de toute matière viable. Les corps qui en sont formés, ont beau présenter les apparences les plus variées, des caractères différents et même tout-à-fait opposés; la matière viable ainsi déguisée n'en est pas moins une et toujours la même. C'est ce que prouve l'extrême facilité, qu'ont à tout moment ces corps, de se transformer en d'autres êtres vivans : c'est enfin ce que rend indubitable l'analyse chimique de tous les êtres organiques. Nous savons en effet que leurs principes constituants sont partout les mêmes, et en assez petit nombre. Tout le règne végétal qui s'alimente plus spécialement d'eau et d'acide carbonique, se réduit aussi en définitif en eau et en acide carbonique, ou mieux en *carbonne, en hydrogène* et *en oxigène*. A ces principes uniformes se joint chez tous les animaux *l'azote*, cause presque unique des différences chimiques qui ont lieu entre eux et les végétaux ; et lorsque (ce qui se présente quelquefois) ce dernier principe se rencontre dans les plantes, ou dans quelques-unes de leurs parties, il leur communique en même temps les propriétés des matières animales elles-mêmes.

§. 42. — A ces quatre principes, nous pouvons ajouter *le soufre* et *le phosphore*, bien qu'ils n'entrent qu'en moindre quantité dans la composition des êtres organiques, et qu'ils se trouvent même exclusivement bornés à quelques unes de leurs parties. Ces deux substances qui se rencontrent abondamment aussi dans le règne minéral, doivent indubitablement leur origine aux êtres organiques. Le phosphore, il est vrai, à raison de son étonnante oxidabilité, n'a jamais été découvert et ne peut exister pur dans ce règne ; mais il est assez abondant sous la forme d'acide phosphorique combiné avec la chaux, le fer ou d'autres bases salines. Le soufre y existe fréquemment et même dans un état de pureté parfaite.

§. 43. — Quoique nous ayons dit plus haut que

la matière viable occupe spécialement la surface du globe, qu'elle revêt et embellit sous les différentes formes organiques ; tandis que la matière non viable a été reléguée par le créateur dans les profondeurs de notre planète : l'une et l'autre sont cependant soumises à la puissance et aux lois des affinités, qui les réunissant souvent entr'elles, donnent ainsi naissance à différens produits chimiques. Ceux de ces produits qui peuvent en totalité se décomposer en matière alimentaire, doivent être aussi considérés comme des corps entièrement viables, et conséquemment propres à l'entretien de la vie et à l'accroissement des êtres vivans. De ce nombre sont l'eau et l'air atmosphérique, qui enveloppent toute la surface de la terre, et dans lesquels sont plongés et vivent tous les êtres organiques. La terre au contraire, qui semble entretenir et nourrir les végétaux, n'est point elle-même, et ne peut être regardée comme un corps viable. Elle n'est que la couche et l'excipient des dépouilles des plantes et des animaux ; elle en facilite la décomposition lente et insensible ; elle absorbe et conserve l'air et l'humidité, enlève l'oxigène à l'atmosphère, et forme continuellement dans son sein de l'acide carbonique. Ainsi vaste magasin de matériaux viables, réservoir et pour ainsi dire crible de ces matières ; elle les divise , les atténue et les tamise sans cesse, de telle sorte que les végétaux y puisent constamment et avec abondance les principes nécessaires à leur entretien.

§. 44. — Les animaux , dont la structure est plus compliquée et beaucoup plus parfaite, ne peuvent s'alimenter que d'une matière viable pure et déjà organique. Ainsi celle qui a été rendue à la terre, qui s'y est décomposée, et qui s'y est mélangée ou chimiquement combinée avec la matière inerte, eut été tout-à-fait perdue pour les animaux, pour l'organisation et pour la vie ; si les végétaux ne l'en eussent extraite de nouveau, pour en composer leurs propres êtres. Dans la première hypothèse, la nourriture des animaux devenant de jour en jour plus rare, et rien ne venant au secours de cette perte ; cette portion des êtres organiques eut aussi diminué par degrés et marché rapidement à sa destruction complète. Dès que les végétaux préviennent une telle ruine ; dès que la matière organique une fois décomposée ne peut plus retourner aux animaux que par les végétaux eux-mêmes ;

ceux-ci sont donc le moyen essentiel de l'entretien et de la conservation des animaux, la condition indispensable à laquelle est liée leur existence.

§. 45. — Ainsi donc la matière viable passe de la terre, de l'air et de l'eau aux végétaux, d'où elle est transmise aux animaux, qui la restituent de nouveau à l'air, à l'eau et à la terre. Là, elle se décompose lentement en ses élémens primitifs, se mêle sous différentes formes avec la matière inerte ; s'y soumet aux puissances variées des affinités chimiques, et donne naissance à différens corps et à des phénomènes naturels souvent extraordinaires. Mais les végétaux ne sont pas tous consommés par l'animalisation : un bien plus grand nombre demeurent, en tout ou en partie, enfouis dans le sein de la terre. Leurs dépouilles vont alors s'y mélanger avec les corps animaux et minéraux, et figurer diversement, comme agens chimiques, dans le grand laboratoire de la nature. Il ne faut donc pas s'étonner de ce que la matière viable, prédestinée par le Créateur de tous les êtres, à recouvrir la surface du globe terrestre, et à revêtir sans relâche les formes de l'organisme, se trouve fréquemment combinée à la matière inerte, et cachée quelquefois à de si grandes profondeurs : d'autant plus que dans la durée des siècles, les grandes révolutions qui, tant de fois depuis son origine, ont bouleversé la terre, ont en même temps dû anéantir des générations entières d'êtres organiques, et ensevelir dans ses entrailles, ce qui recouvrait auparavant le théâtre de ces grandes catastrophes.

§. 46. — Rien n'est donc aussi commun, que de trouver souvent, à de très-grandes profondeurs, d'immenses couches de détritus organiques. Trop éloignés de la superficie pour pouvoir être ressaisis par les végétaux et rendus à l'organisme, la voie de la vie leur eut été fermée pour toujours; si la nature ne leur eut ménagé d'autres moyens, à l'aide desquels elle extrait ces masses énormes du sein de la terre, et les rejette à sa surface. Nous en parlerons ailleurs dans de plus grands détails.

§. 47. — De tout ce que nous avons dit jusqu'ici sur la matière viable ou vitale, il résulte A : que pouvant avec tant de facilité échanger sa structure, passer d'un être vivant à un autre, et parcourir successivement et sans altération, la série entière des êtres organiques : cette matière indifférente par elle-même à revêtir tel ou tel mode d'existence , doit être toujours prête à adopter celui que voudra lui imprimer la force organique, dans la sphère de laquelle elle se trouvera momentanément placée. A supposer en effet qu'elle eut, en elle-même, une puissance d'organisation qui lui fut propre ; alors elle prendrait, une fois pour toutes, une forme constante et invariable. Il est donc clair que *la matière viable n'a en elle-même aucune puissance d'organisme*, et que cette faculté qui lui est momentanément accordée, est tout-à-fait étrangère à sa nature. En effet, tendre également et indistinctement à toutes les formes, c'est ne tendre décidément à aucune. Ainsi tombent les nombreux systèmes de ces philosophes, qui assignant une pareille propriété à la matière, ont pensé que les êtres organiques pouvaient exister d'eux-mêmes, se former de molécules et croître à l'instar des cristallisations salines. De telles hypothèses ne méritent aucune réfutation directe ; puisqu'il résulte des principes énoncés plus haut , que la puissance organique est pour la matière , une force communiquée , étrangère , extérieure et n'appartenant en aucune façon à son essence.

§. 48. — **B.** Dès qu'une certaine portion de la

matière qui constitue le globe terrestre, est seule
susceptible d'organisation et de vie, et que les
êtres vivans se servent mutuellement de proie et de
pâture ; la nature a donc voulu, par cela même
et jusqu'à un certain point, limiter leur multiplication et leur nombre. Chacun d'eux en effet ne
s'établit qu'aux dépens d'un second ; et la propagation de quelques genres ou de quelques espèces de plantes et d'animaux, ne peut avoir lieu
que par l'oppression ou la ruine totale de quelques
autres. Aussi l'homme qui propage et multiplie sa
famille sur toute la surface du globe, est-il le plus
grand dévastateur et le destructeur le plus terrible
des autres créatures organiques : mais par cette
raison même, sa population doit également se
maintenir dans de certaines bornes ; qui, si elles
parvenaient à être franchies, forceraient l'homme à
tourner sa propre férocité contre lui-même. Jetons
les yeux sur des contrées très-peu habitées ou
même désertes ; partout d'impénétrables forêts,
des tribus innombrables de végétaux, d'oiseaux,
de reptiles et d'animaux sauvages, en peuplent et
en couvrent la surface. Que l'homme se montre ;
qu'il s'y établisse ; et toutes ces peuplades, insensi-

blement anéanties ou subjuguées vont bientôt disparaître ou devenir esclaves, pour multiplier ou
servir la race de cet orgueilleux tyran de la nature
organique. Des habitations sans nombre, des cités
populeuses occuperont, avec le temps, l'espace qui
fut jadis le domaine de ces nombreuses familles de
plantes et d'animaux ; et cette même matière, qui
n'était jamais sortie de la forme de ces faibles créatures dont elle entretenait l'existence, prend insensiblement la figure de l'homme, ainsi que celle des
êtres soumis à son empire et dépendans de sa toute-
puissance.

§. 49. — C. Il résulte évidemment de ces principes que cette matière vit presque constamment,
par sa transition successive chez tous les êtres organiques. Que si, parfois, une défection passagère,
un repos de peu de durée la dérobe aux puissances
organiques ; elle finit toujours par retomber dans la
sphère de quelqu'être vivant qui se l'approprie , et
la rend ainsi, tôt ou tard, au torrent général de la
vie. Si donc la vie a lieu dans tous les êtres organiques , bien qu'elle s'y montre sous un aspect
aussi varié que chaque organisation particulière ;
si la matière viable est seule susceptible de rece-

voir et de prendre toutes les structures organiques, et par là même toutes les formes de la vie ;
n'est-on pas forcé de reconnaître, que la vie, dans
l'ordre général du monde, n'est permise qu'à cette
matière unique ; qu'elle en est la propriété réelle
et l'inaliénable patrimoine ? On ne peut en dire
autant de la matière non viable ou inerte ; car
jamais on n'a vu celle-ci à l'état de vie, aucun
être vivant ne pouvant ni s'en nourrir, ni réparer
avec elle les pertes de son organisme. On ne peut
non plus attribuer cette propriété aux individus
vivans, puisque leur existence n'est que tempo-
raire et passagère. Ils n'ont que pour un temps
très-court, le pouvoir d'élaborer et d'assimiler la
matière viable ; tandis que cette matière elle-même
conserve, d'une manière imprescriptible, la faculté
de passer sans cesse d'une organisation dans une
autre, et survit toujours la même à toutes ses métamorphoses. On ne peut enfin l'accorder aux *genres*
et aux *espèces :* car bien que leur durée, depuis
la création primordiale des êtres vivans, ait été
jusqu'ici sans interruption, et leur soit assurée à jamais ; chacun d'eux n'a cependant en sa jouissance,
qu'une certaine structure, une certaine modification

de la force organique, qui lui garantit également la vie. Nous sommes donc autorisés à distinguer spécialement ce nouvel attribut de la matière. Ne constituant pas lui-même la vie , mais lui donnant uniquement les moyens indispensables d'existence; nous le désignerons désormais sous le nom de *viabilité*, qui nous semble rendre, le plus exactement possible l'idée que nous nous faisons de son action sur l'organisme.

§. 5o. — Admettre une telle propriété dans la matière , c'est tout simplement énoncer, que seule elle peut obéir aux forces organiques, que seule elle peut être organisée. Or c'est une assertion qu'on ne saurait nous contester ; car alors il faudrait nous dire, pourquoi toute la matière qui constitue le globe terrestre, ne pourrait indistinctement aussi concourir à l'organisme. Que si pour éluder cette objection, l'on prétend recourir à quelque cause inconnue ; on retombera par cela même dans notre manière de voir, et nous n'aurons plus qu'une dispute de mots fort indifférente à notre doctrine. Cette propriété est-elle égale et identique dans tous les élémens viables, ou bien a-t-elle, dans chacun d'eux, des degrès et une répartition différente ?

question difficile à résoudre avec quelque espèce de certitude. Il peut se faire, que de même que ces principes viables ne se trouvent pas tous à la fois, ni en égale abondance, dans tous les corps organiques; de même aussi leur puissance soit plus ou moins élevée; de sorte que, très-sensible chez les uns, elle s'affaiblisse insensiblement chez les autres, jusqu'au terme le plus bas de l'échelle. Mais quand bien même elle serait, pour toute la matière, dans une telle inégalité, que très-manifeste dans quelques-uns de ses élémens primitifs, elle deviendrait imperceptible dans les autres; une pareille découverte ne toucherait encore en rien, quant à leur constitution essentielle, aux bases fondamentales de cette théorie.

CHAPITRE III.

Considérations plus rapprochées sur la vie. — Manière dont les puissances extérieures vivifient. — Forces quiescentes ou anti-organiques.

§. 51. — La vie physique, héritage incontestable de la matière (§. 49), est donc le résultat de certains rapports, qui ont lieu entre la matière morte, et animée (§. 13). Mais cette propriété même, bornée aux élémens viables et conséquemment vivifians, en exclut la matière inorganique qui en est dépourvue. L'air, l'eau et les alimens se composent en entier de ces élémens; et par cela même ils subissent, en totalité ou en partie, l'action des forces individuelles, chez les êtres qui, les ayant admis dans leur intérieur, les convertissent en leur propre substance. Et bien que les corps les moins viables, tels que la terre, la plus grande partie des sels, les métaux, etc., puissent, fortuitement ou à dessein, être introduits dans l'économie vivante, y produire certains résultats, y exercer plus ou moins d'influence ; de pareilles substances n'en sont pas moins à envisager comme impropres à l'entretien de la vie et parfaitement étrangères à son domaine. D'autre part, ne pouvant obéir aux forces organiques, elles se comportent d'une manière toute différente à l'égard des êtres vivans, et doivent exciter une action tout-à-fait opposée à celle des corps viables ; opération que notre intention n'est pas d'éclaircir en ce moment.

§. 52. — En nous arrêtant donc aux seuls corps indispensables à la vie, nous sommes forcés de reconnaître, que tout ce qui vit et tout ce qui vivifie, se compose de principes viables. Ainsi *la vie est le résultat de l'action réciproque de la matière viable, privée de vie ou désorganisée, sur la matière vivante et organique :* elle est la propriété des principes viables, et ne peut exister qu'en eux. Mais comme ces élémens, en séjournant dans les êtres vivans, s'y soumettent à leur force individuelle, et se convertissent insensiblement en leur propre substance ; la matière qui vivifie les êtres organiques, s'en trouve elle-même constamment organisée et l'action qui a lieu dans cette circonstance est de part et d'autre réciproque. Or puisque la vie de chaque être en particulier dépend de l'action continuelle de la force organique et des puissances vivifiantes, et que le résultat de cette action mutuelle est la vivification de la matière organique, et l'organisation de celle nouvellement introduite dans l'organisme; il en résulte que *tout être vivant s'organise sans cesse, et que la vie consiste dans la vivification et l'organisation constante de la matière.*

§. 53. — Ainsi dès que la vie ne peut se maintenir que par une vivification continuelle, opérée par la matière viable; dès que cette matière obéit à la direction des forces organiques et qu'enfin tous les êtres vivans s'organisent sans cesse : il s'ensuit, qu'à chaque vivification doit correspondre un effort proportionnel des forces organiques, c'est-à-dire une organisation. Chaque admission d'alimens deviendra donc, pour ces forces, un stimulant qui excitera leur réaction; et chacune de ces réactions deviendra une fonction organique. Or comme les êtres vivans doivent s'organiser sans relâche pour le maintien de leur vie; pour qu'ils puissent y parvenir, il faut qu'ils y soient incessamment incités par l'afflux perpétuel d'une matière étrangère, ce

que nous avons établi plus haut (§. 31, 32) ;
en parlant de la nécessité où est la force individuelle, d'être toujours active ; et dès que cette activité dépend d'une organisation perpétuelle de la
matière, il en résulte qu'aussitôt que cette force aura
complètement organisé la matière, qui se trouvait
dans son propre domaine, cette action doit cesser à
l'instant même, ainsi que la vie individuelle. Pour
prévenir ce cas, il est nécessaire qu'elle puisse agir
sans cesse sur une matière toujours nouvelle ; ou
bien, en d'autres termes, un abord constant de
nouveaux matériaux ou de nouvelles puissances
vivifiantes est le seul moyen qui puisse maintenir la
vie. Celle-ci s'éteint pour toujours, lorsqu'elle est
totalement privée, ne fut-ce qu'un seul instant, de
ces auxiliaires indispensables à son existence. Telle
est la loi éternelle et immuable de la nature ; tel
est le secret de la vie ; telle est l'action commune
des corps vivifians, tel est enfin le sort de toutes
les créatures, que leur vie, sans ces premiers sou-
tiens, est anéantie à jamais.

§. 54. — Et puisque les lois de la nature sont
inaltérables, ne souffrent aucune exception, et que
rien ne peut jamais s'y soustraire ; puisqu'il est

prescrit à chacune des créatures vivantes de terminer sa carrière, du moment qu'elle cesse de s'organiser et de s'assimiler la matière ; toutes les actions, tous les efforts, toutes les pensées, l'unique soin en un mot de chaque être vivant, doit donc se borner à accumuler la plus grande quantité possible de cette matière, pour assurer sa propre existence. Les plantes trouvent la leur toute préparée par la nature même, dans la terre qui leur sert de matrice ainsi que dans l'atmosphère qui les environne. C'est dans ces vastes magasins qu'elles puisent leur vie, avec les sucs élémentaires qui les constituent. Quant aux animaux ; occupés sans relâche à rechercher la matière viable, à l'amasser, et à s'en assurer la jouissance, ils la poursuivent par tous les moyens, et dans tous les lieux. C'est pour elle qu'ils se font la guerre, qu'ils s'entre-déchirent et se détruisent ; c'est là où viennent, comme à un dernier but, comme à une cause unique, aboutir tous les efforts et toutes les démarches de l'espèce humaine : là réside aussi la vraie source de son industrie, qui s'abaisse ou s'élève, en proportion de ses besoins ; tel est enfin le sujet de sa cupidité, de son envie, de son ambition et de sa soif de dominer ; le grand moteur en un mot de toutes ses passions et de tous ses crimes. C'est de ce principe que doivent partir les philosophes appelés à déterminer les lois morales des actions humaines; et le point important que les législateurs prudens ne doivent jamais perdre de vue. Car en résultat, l'expérience de tant de siècles écoulés, nous a démontré qu'il n'est pas plus possible d'améliorer que de changer la nature de l'homme, qui est et doit toujours être tel, qu'il est sorti des mains de son créateur; que le soin de sa conservation et son intérêt personnel le guideront toujours dans ses démarches; et que toute l'éducation bien dirigée consiste à éclairer son entendement. Ceux-là sont donc les seuls amis de l'humanité, qui se font une tâche d'augmenter ses lumières, pour lui faire appercevoir ses véritables avantages.

§. 55. — Dès que la matière viable est la seule qui puisse vivre et s'organiser chez les êtres vivans; cette matière doit, par l'effet de sa propre viabilité, aspirer à la vie, et tendre partout où elle se trouve, à se soumettre à la puissance organique; de même que les corps chimiques et physiques tendent à se combiner, en vertu de la force d'affinité, ou à s'unir par celle d'attraction. En effet, si les principes sur lesquels agit la force organique eussent été dans une indifférence parfaite à son égard, rien ne les eût distingués de la matière brute ; celle-ci eût été elle-même susceptible d'organisation et de vie, et eût pu servir d'alimens aux êtres vivans, qui auraient, indifféremment aussi et partout puisé les élémens et les matériaux de leur existence. Or cette supposition est toute réprouvée par l'expérience. Mais la matière viable ou ses élémens constitutifs sont absolument les mêmes dans tous les genres et dans toutes les espèces : partout elle tend, en vertu de sa viabilité, à la vie et à l'organisation en général. Qu'une de ses molécules tombe sous la puissance de quelqu'être vivant ; dès lors la force *individuelle* donne à cette tendance commune une direction déterminée, d'où résulte la forme individuelle et locale, l'espèce et le mode particulier d'existence. Chaque organisation particulière est donc le résultat de deux directions, l'une générale résidant dans la matière susceptible d'organisation et dont les élémens tendent naturellement à la vie ; l'autre particulière, innée chez l'être, qui y détermine l'espèce de vie et la forme de l'organisme.

§. 56. — Cette molécule de matière viable, **qui**
a déjà, plus ou moins complètement, éprouvé
l'action de quelque force *individuelle*, et qui conséquemment est déjà, en partie, vivante ; puisqu'elle n'a pas pour cela cessé d'être viable, doit,
en vertu de cette propriété même, aspirer à **un**
degré de vie ultérieure, ainsi qu'à revêtir toutes les
formes organiques supérieures à celle qu'elle possède dèjà dans l'organisme. En comparant maintenant cette première molécule, avec la matière via**ble**
encore vierge et qui tend à toutes les formes également ; l'une doit avoir évidemment moins de viabilité que l'autre ; et ce moins doit être égal à **la**
tendance qu'avait la première à prendre la structure
particulière dans laquelle elle se trouve, tendance
qui se trouve déjà satisfaite et saturée. Si **nous**
considérons donc les élémens viables en général ;
nous verrons que ceux qui sont organisés, ont
moins de viabilité que d'autres qui, bien que semblables, se trouvent dans un état de désorganisation complète : d'où nous inférons en commun,
que la viabilité est une propriété de la matière,
qui peut être renforcée, diminuée, ou même entiérement saturée ; quoique sa diminution, dans chaque

cas, comparée à la masse entière, soit de si petite valeur, qu'on puisse, sans crainte d'errer, la considérer comme de nulle importance.

§. 57. — Mais ce qui n'est rien pour l'ensemble, est tout pour les *individus*. En effet, plus une matière donnée éprouve leurs forces organiques, et plus aussi elle perd de sa viabilité relative ; en sorte que *la viabilité de la matière, qui se trouve chez les individus est, pour eux, en raison inverse de la force qui a agi sur elle* : ou bien, en d'autres termes, la matière, qui entre dans la constitution et la composition des êtres vivans, a perdu d'autant plus de sa viabilité propre, qu'elle s'est plus, soumise à la force individuelle. Elle abandonne ainsi sa tendance à une forme donnée, en proportion de ce qu'elle s'en était déjà plus ou moins emparée. Enfin, son organisation complète, qui s'opère au moment où la force individuelle cesse d'avoir aucune action sur elle, devient aussi le dernier terme de sa viabilité pour l'individu ; et dès-lors inactive et non viable au sein d'un corps vivant, elle n'est plus propre qu'à être expulsée hors des limites de sa vie.

§. 58. — Puisqu'ainsi tous les êtres vivans s'organisent sans interruption, et qu'une portion de la matière qui les constitue, cesse à chaque instant d'être viable pour eux, et se soustrait à l'empire de leur force organique; puisqu'enfin cette force doit être dans une activité constante, qui ne peut s'arrêter un seul moment, sans mettre fin à l'existence individuelle: il est aussi de toute nécessité qu'une nouvelle matière, proportionnée à celle qui perd sa viabilité et est enlevée à l'organisme, afflue sans cesse, pour reparer cette perte, et reporter sur elle toute l'action des forces organiques. Il en résulte *que les individus ne peuvent conserver leur propre vie que par le changement continuel de la matière qui les constitue.*

§. 59. — Recevant perpétuellement la matière viable par les alimens, l'eau et l'atmosphère, les êtres vivans doivent la perdre dans une proportion égale et la rejeter hors des limites de leur propre système. En effet, l'observation journalière nous démontre, que s'ils absorbent constamment une matière qui leur est étrangère; les excrétions diverses qui ont lieu durant tout le cours de la vie, sont destinées à rétablir la balance par des pertes proportionnelles. Des recherches même plus exactes et une étude plus approfondie à cet égard, ont

prouvé que chez l'animal parvenu à son entier développement, ses différens émonctoires lui enlèvent
absolument autant de sa propre substance, dans un
temps donné, qu'il en reçoit dans le même inter-
valle par les alimens, l'eau et l'atmosphère ; ce
qui s'accorde parfaitement avec les principes de
notre doctrine. Les végétaux eux-mêmes ne font,
dans leur économie, aucune exception à cette loi
commune ; car nous les voyons, non seulement
s'alimenter par une matière étrangère et viable,
mais la perdre dans un pareil rapport. La vapeur
aqueuse qui s'en exhale, le dégagement d'acide
carbonique à l'ombre, et d'oxigène aux rayons
du soleil ; tout jusqu'à leurs arômes particuliers le
démontre avec une égale évidence.

§. 60. — Par là nous voyons encore, que les
individus vivans, changeant sans relâche la matière
qui les constitue, se recomposent sans cesse aussi
d'une matière nouvelle, bien que formée des mêmes
élémens et dans une proportion égale à la perte
qu'ils ont soufferte. L'essence de la vie individuelle
ne peut donc pas se trouver dans la matière viable ;
puisque celle-ci ne fait que traverser l'individu
dans un temps de plus ou moins de durée : on ne

peut non plus la rechercher dans la viabilité ; car bien que cette propriété diminue et se perde au fur et à mesure que la matière s'organise ; elle reprend bientôt tous ses droits, et se reproduit la même, à l'abord d'une nouvelle introduction de matière. D'ailleurs cette viabilité est propre à tous les êtres vivans, et ne peut être, en aucune façon, considérée comme un attribut particulier à aucun d'eux ; c'est donc uniquement dans la force organique, qu'est placée l'essence de la vie individuelle.

§. 61. — Cette matière qui a supporté en entier l'action des forces individuelles, n'est donc plus viable, et doit conséquemment être rejetée de l'économie vivante (§. 57). Ainsi, toutes les excrétions des êtres organiques, cessant d'être alimentaires pour l'individu qui les a expulsées de son sein, ne peuvent plus, en aucune manière, lui servir de nourriture, de boisson, ni même lui être d'aucun autre usage. On peut en dire autant des genres et des espèces ; car chez les individus du même genre, la force organique est presque la même, et elle se ressemble dans ceux de la même espèce. Ainsi donc une matière, qui aura saturé la force organique d'un individu donné, ne peut plus servir d'aliment à ceux de son espèce; ce qui fait que nul individu vivant ne peut se nourrir de son semblable.

§. 62. — Outre cela, puisque les genres ont entr'eux des points de contact plus ou moins rapprochés, de manière à former réunis autant d'anneaux différens d'une même chaîne; puisque la vie se perfectionne toujours davantage, à mesure qu'elle s'avance dans cette chaîne : il en résulte, que plus l'organisation d'un genre s'annoblit et s'élève au-dessus d'un autre; moins aussi la matière du premier sera viable pour le second. Cette considération nous apprend que comme les animaux ne se nourrissent que d'êtres organiques; chacun de ces êtres en particulier, ou la matière qui en est extraite, doit posséder un degré différent de viabilité pour un autre animal donné; de telle sorte que la matière d'un être organique quelconque diffère, quant à sa viabilité, relativement aux différens animaux. En général, plus l'organisation d'un être est supérieure à celle d'un autre auquel il doit servir d'aliment, et moins sa matière sera viable pour lui; et par opposition, cette matière sera d'autant plus viable, qu'elle proviendra d'un individu ayant une organisation inférieure. En d'autres termes ; *la viabilité de la matière organique, eu égard à l'être qui la fournit et à celui qu'elle doit alimenter, est en raison inverse des progrès relatifs de leur mutuel organisme.*

§. 63. — Qu'on se rappelle maintenant, que les alimens apportent sans cesse, dans les êtres organiques, une quantité de matière viable, proportionnée à celle qui s'en échappe par les excrétions : qu'on observe en outre que la viabilité est la propriété de quelques élémens, qui tendent par elle à s'organiser et à s'approprier les forces organiques ; delà, il résulte que la matière viable circule perpétuellement chez les êtres vivans ; qu'ils se la transmettent mutuellement les uns aux autres, et qu'ainsi chaque individu peut être considéré comme le centre d'un mouvement, dont la nature et la forme dépendent de la viabilité et des forces organiques : il en résultera aussi que cette forme, dans chaque cas particulier., sera telle qu'elle y aura été déterminée par la puissance de la viabilité et l'état des forces organiques individuelles.

§. 64. — Mais puisque la matière viable nouvellement introduite, éprouve la puissance des

forces organiques; et que les êtres vivans en perdent une quantité correspondante à celle qu'ils
reçoivent : il faut bien qu'à proportion de ce
qu'elle se présente, ils l'organisent et l'élaborent,
tandis qu'ils décomposent, changent et désorganisent celle qu'ils avaient précédemment admise et
organisée. En effet, si nous tournons un moment
nos regards sur les phénomènes journaliers de
la vie, nous sommes convaincus que toutes les
excrétions des végétaux et des animaux, bien que
formées de matière viable, sont dans un état complet de désorganisation et de décomposition. Toutes
les émanations des plantes se réduisent en eau,
en gaz oxigène, et en acide carbonique. Les animaux, par leurs surfaces cutannée et pulmonaire
se déchargent d'eau et d'acide carbonique; par les
reins, ils laissent filtrer de l'eau, de l'acide phosphorique, urique et quelques sels mélangés et
irréguliers selon les espèces; par le canal intestinal enfin, ils se débarrassent d'une masse informe
connue sous le nom d'excrémens. Cette dernière
excrétion, bien que ne constituant aucune matière
organisée, possède encore, ainsi que l'urine, par
rapport à la nature et au mode d'union de leurs

élémens, de grands caractères de l'animalisation. Elles les doivent à la source d'où elles proviennent et plus encore, au maintien de quelques-unes des combinaisons, qui se sont opérées, durant la vie, dans les êtres organiques.

§. 65. — A chaque importation de matière viable dans l'individu organisé, correspond donc une exportation de même matière ; à chaque assimilation, une désassimilation ; à chaque organisation, une désorganisation, proportionnelles. Or, dès que nul être vivant ne peut exister, sans une liaison constante et non interrompue avec les corps environnans (§. 8), la vie étant le résultat de l'action réciproque des corps vivans, et vivifians (§. 13); que cette opération mutuelle est, du côté de la matière importée, la vivification de la matière organisée, et de la part de cette dernière, l'organisation de la matière nouvellement introduite ; qu'enfin la vie est une fonction organique constante, une assimilation perpétuelle (§. 30) ; il s'ensuit, que *la vie individuelle dépendra de la continuelle organisation d'une matière, nouvellement admise dans son domaine, et de la désorganisation proportionnelle de sa propre matière.*

12.

§. 66. — En examinant de plus près la cause de semblables changemens, nous voyons évidemment, qu'elle est toute entière dans la force organique, dont l'activité constante est indispensable au maintien de la vie (§. 32). Aussitôt donc que cette force a organisé, et pour ainsi dire saturé une certaine quantité de matière, elle en exige une nouvelle pour perpétuer son action. Il s'ensuit que toutes les fonctions qui organisent la vie, sont essentiellement subordonnées à la force organique ; et que c'est en elle entièrement, que réside la cause du besoin qu'éprouvent les individus, d'être sans cesse en rapport avec les corps extérieurs. Toute assimilation, toute élaboration organique, toute secrétion dépendra donc, exclusivement, de la force organique. Mais la décomposition et les excrétions qui s'y rapportent, ne sauraient être attribuées à cette force, qui ne peut produire deux effets opposés à la fois ; c'est donc aux puissances vivifiantes, qu'il faut rallier cette seconde moitié de la vie. D'où nous concluons d'abord en général ; *que vivifier, c'est en même temps décomposer ; et que les corps extérieurs ne nous vivifient, qu'en tendant à nous désorganiser et à nous détruire.*

§. 67. — Toutes les opérations des corps vivifians extérieurs, sur les êtres organisés, tendent à les détruire : tous les efforts de ces derniers se dirigent à l'assimilation de la matière. L'action est de part et d'autre réciproque, et la vie consiste dans ce concours et cet antagonisme mutuel. Ainsi chaque individu, chaque partie organique, perd autant de sa propre substance qu'elle s'en assimile d'étrangère. Il règne, donc entre la matière vivante et viable, une activité perpétuelle et réciproque, d'où résulte la vie, dans la constitution de notre globe. Et par le fait même, puisque la vie est, en général, le patrimoine de la matière viable et qu'elle ne peut avoir lieu sans organisation ; cette matière se trouve contrainte, par sa viabilité même, de se donner et, pour ainsi dire, de s'approprier la force organique, partout où elle la rencontre. Or comme, de sa nature, elle tend à toutes les formes également et qu'en s'organisant elle perd sa viabilité, relativement à celle qu'elle acquière ; par cela même, elle doit avoir une tendance plus grande pour toute autre. De telle manière qu'enfin, après avoir épuisé sa viabilité pour la structure qui lui est propre en ce moment, et ayant plus de propension pour les autres, elle doit travailler à se délivrer de celle qu'elle possède. Cette disposition de la viabilité, égale pour toutes les formes étrangères à la sienne, doit être puissamment secondée par la tendance de la matière nouvellement introduite, à se revêtir elle-même de celle dont va se dépouiller la première. C'est donc dans la viabilité, qu'est la cause essentielle de l'organisation et de la désorganisation consécutive de la même matière.

§. 68. — Si nous considérons maintenant que toute matière, en général, conserve une certaine forme et obéit toujours aux forces naturelles; que de la nature de ces dernières, dépendent sa structure et son mode d'existence, dans la construction générale du globe; et que la force organique, en agissant sur cette matière, doit changer son mode d'existence et de forme : nous serons forcés d'en conclure, qu'un pareil effet ne peut avoir lieu, qu'autant que la puissance nouvelle qui s'en est emparée, aura d'abord détruit et anéanti le précédent, en surmontant les forces qui l'avaient créé et qui le maintenaient en cet état. Du conflit réciproque entre ces deux puissances, doit résulter une des conditions suivantes. A. Les forces organiques peuvent anéantir complètement les forces naturelles et les réduire à zéro : dans ce cas, la matière n'obéira plus qu'à ces forces victorieuses. B. Elles peuvent être tout-à-fait impuissantes sur la matière : alors nulle action organique ne peut avoir lieu, et toutes celles qui existaient déjà, doivent cesser et s'éteindre. C. Enfin, ces deux forces peuvent tellement se balancer, que la matière viable s'organise, en restant, en partie aussi, sous l'empire d'autres puissances naturelles ; son mode d'existence devient alors le résultat de l'action commune et réciproque de toutes ces forces réunies. Pour différencier de pareilles puissances des forces organiques, cause essentielle de la vie individuelle, nous leur donnerons désormais les noms de puissances ou de forces *quiescentes* ou *anti-organiques*.

§. 69. — Ces puissances qui peuvent opposer une résistance quelconque aux forces organiques, sont, *en premier ordre* ; toutes les forces physiques qui donnent aux élémens viables, une autre tendance et une autre direction. Telle est l'*attraction*, en vertu de laquelle, les atomes de la même matière, tendent à se rencontrer et à s'unir mutuellement. Cette force qui agglomère, enchaîne et cristallise toute la matière, peut, en effet souvent, par de pareils efforts, s'opposer et nuire à l'action des forces organiques. Telle est encore l'*affinité*, par laquelle les molécules de nature différente, aspirent à se combiner entr'elles, et à former des corps de composition et de propriétés entièrement nouvelles. De telles unions chimiques, lorsqu'elles se rencontrent, changent presque partout, modifient ou peuvent même entiérement détruire l'action organique. *En second lieu*; l'organisation elle-même doit s'opposer à de nouvelles forces organiques. En effet, chaque être vivant possède celle qui est propre à son genre et à son espèce; il doit avant de pouvoir servir d'aliment à un autre, perdre d'abord sa vie et sa structure; et par cela même, la nouvelle puissance organique de l'être qui se l'assimile, se trouve contrainte d'anéantir l'organisme précédent et de refaire ainsi tout son ouvrage.

§. 70. — C'est pour cette raison, que les êtres vivants qui se nourrissent d'autres créatures organiques, s'empressent d'abord de leur ôter la vie et de détruire leur organisation, en tout ou en partie. Toutes les fonctions qui préparent la digestion et l'assimilation, n'ont pas d'autre but. Partout, nous voyons les animaux carnivores, commencer par tuer l'animal qui va leur servir de pâture. A l'aide de leurs griffes, de leur bec, de leurs dents, ils le dépècent en morceaux ; leurs mâchoires le réduisent en une sorte de pulpe, encore atténuée par l'insalivation ; opération poussée si loin, dès la bouche même, qu'avant de parvenir à l'estomac, l'aliment ne conserve, souvent, presque aucune trace de sa première texture. L'homme, qui ne s'arrête jamais aux seules ressources qui lui étaient, dans l'origine, communes avec tous les animaux, a de beaucoup étendu par son industrie, le nombre des moyens préparatoires de son existence. La cuisson des alimens et tout l'art si varié des cuisines, se rapportent à cette fin unique. Enfin, la digestion elle-même opérée dans l'estomac et dans les intestins, l'élaboration du chyle et son changement dans les vaisseaux lymphatiques, et sa conversion en fluide sanguin dans les vaisseaux de cet ordre et dans les poumons, forment une suite d'opérations, qu'on peut envisager comme une transition aux autres phénomènes, dont ceux-ci ne sont eux-mêmes que les précurseurs. C'est dans

le sang alors, considéré comme un magasin général placé dans ce but, que chaque partie interne,
chaque organe, chaque portion de la machine
vivante, se perfectionne et se renouvelle suivant
ses propres besoins.

§. 71. — Le règne végétal ne se nourrissant
jamais de masses organiques entières, n'en admet
que les élémens les plus décomposés et les plus
simples. Il ne vit presque uniquement que d'eau et
d'acide carbonique, et n'exige pas autant de préparation pour le soutien de son existence. La terre
suffit sans effort à tous ses besoins, et sous ce
point de vue, peut être considérée pour lui comme
un magasin inépuisable. Indépendamment de cela,
les plantes ne consommant pas d'êtres vivans,
n'ont à surmonter aucune puissance organique. La
force d'*aggrégation* étant infiniment petite dans l'eau
et dans l'acide carbonique, leur présente très-peu
de résistance; ensorte qu'ils n'ont presque de relations qu'avec les seules affinités. La différence
essentielle entre les végétaux et les animaux est
donc, que les uns s'alimentent de la matière viable,
la plus élémentaire, la plus dégagée de tous les
liens de l'organisme, et qu'ils n'ont à combattre

que la seule force d'affinité ; tandis que les autres,
vivant d'êtres organiques, animaux ou végétaux,
ont à surmonter une résistance bien moins forte de
la part des affinités, mais bien plus considérable
de celle de l'organisation précédente, dont ils ont
à détruire jusqu'au moindre vestige. Si l'on avait
ainsi à apprécier et à mesurer la force organique,
d'après les obstacles dont elle triomphe ; on devrait
admettre qu'elle est moindre chez les végétaux que
dans les animaux ; et que pour ces derniers même,
elle doit s'élever, en raison directe du nombre
d'êtres organiques, qui peuvent servir d'alimens à
quelques-unes de leurs espèces. Il pourrait réellement se faire, que cette force, la plus faible possible
dans les degrés les plus bas de l'échelle végétale,
s'augmente par degrés, avec les progrès de l'organisme, et devienne enfin si puissante, dans les animaux les plus parfaits, que ce soit là, la véritable
cause, qui leur assure la domination sur toute la
création vivante ou organique.

CHAPITRE IV.

De l'Affinité. — Manière dont elle se manifeste dans les êtres organiques vivans et privés de vie. Nécessité de la chaleur pour les êtres vivans ; son mode d'action et son influence.

* * *

§. 72. — On appelle affinité, cette force naturelle, en vertu de laquelle, des corps de différente nature, tendent réciproquement à se combiner entr'eux, et à former par leur union, des composés tout nouveaux, et qui diffèrent absolument des principes qui les constituent. Cette force qui appartient à toute la matière en général, doit être constamment présente et active dans la nature entière ; et c'est d'elle que dépend, en grande partie, la constitution chimique du globe matériel.

§. 73. — Explorer les propriétés et le caractère des différens corps, produits de la nature ou de l'art ; analyser les composés et les résoudre en leurs élémens constitutifs ; déterminer les qualités de leurs principes, en reconnaître et en limiter les différens rapports ; tel est le but difficile que se propose le chimiste. Mais comme tout ce travail et cette connaissance exacte dépendent, en grande partie, de la science des affinités ; c'est aussi sur elle qu'il doit baser toutes ses études, parce qu'elle est le moyen le plus puissant qui soit en son pouvoir pour pénétrer ces grands mystères de la nature. La chimie nous fournira conséquemment toutes les notions fondamentales qui y ont rapport, et qui peuvent, selon moi, se réduire aux suivantes.

§. 74. — En premier lieu, l'expérience nous démontre de la manière la plus positive, que l'affinité n'est pas égale entre tous les corps de la nature ; qu'aucune combinaison ne peut avoir lieu, qu'entre leurs molécules les plus atténuées ; que nous ignorons pourquoi l'affinité est plus forte dans de certains corps que dans d'autres ; et que nous ne pouvons, d'après aucune des propriétés des corps, auxquels appartenaient auparavant ces molécules, conjecturer, en aucune manière, la force de leurs affinités. Elle nous apprend enfin, que la combinaison chimique, exercée en vertu de cette même puissance changeant la nature et le mode constitutif de ces corps , doit être envisagée comme un état violent, qui les fait passer de leur ancienne condition de repos et de forme, à un nouvel ordre de structure et d'existence. Nous concluons delà, que l'affinité ne parvient à opérer des combinaisons, qu'après avoir surmonté toutes les forces , qui maintenaient ces corps dans leur ancien état de forme et d'inertie. Nous devons donc considérer ces dernières comme s'opposant à l'affinité, en ce qu'elles cherchent à protéger leur premier ouvrage , c'est à dire l'état de repos résultant de la combinaison antérieure. C'est pourquoi , après avoir désigné toutes ces forces sous le nom commun de forces *quiescentes*, nous établirons en principe, à leur égard ; que *les affinités se montrent* , ou ce qui revient au même , *que la force qui opère une combinaison, agit en sens inverse des forces quiescentes.*

§. 75. — En recherchant de plus près la nature de ces forces ; on voit qu'elles se réduisent à la *cohésion*, qui oppose une résistance d'autant plus puissante aux affinités, qu'elle est plus intense elle-même : et aux *affinités quiescentes*, en vertu desquelles les corps se maintiennent dans leurs anciens rapports. Si maintenant nous reportons notre vue sur les êtres vivants, qui reçoivent, sans interruption, la matière viable ; nous voyons que, chez eux, les affinités ont toujours à lutter contre les forces organiques, par cela même, que l'opération constante de ces dernières, est de donner à la matière un tout autre mode de forme et d'existence. Dans les plantes elles-mêmes, ces deux forces se combattent entr'elles avec la plus grande énergie (§. 71); et de leur conflit il résulte : 1° que si la force organique triomphe complètement des affinités ; dans ce cas, aucune combinaison chimique n'a lieu dans l'être vivant : 2° que si elle est elle-même domptée ; les affinités lui enlevant alors la matière viable, l'enchaînent par des liens si puissants, qu'elles la rendent incapable de s'organiser de nouveau, en y détruisant jusqu'à la moindre trace d'organisme, pour la placer sous l'empire absolu de l'affinité chimique. 3° Indépendamment de ces circonstances, il peut s'établir un partage, tel que chacune de ces forces, conserve encore une partie de son action sur la matière.

§. 76. — Mais puisque l'affinité agit en raison, inverse des forces quiescentes et directes du calorique libre répandu dans les corps ; la chaleur libre affaiblit donc les affinités d'inertie , en proportion du secours qu'elle fournit aux affinités prochaines. Son action est , par cela même , égale contre la cohésion et contre les affinités quiescentes ; ce qui est complètement justifié par l'expérience. Cette grande propriété de la matière du calorique, paraît tenir à l'extrême tendance qu'elle a, à se combiner avec tous les corps en général. Or, les forces organiques agissant aussi, tout à la fois, contre la cohésion et contre les affinités d'inertie ; il en résulte que le calorique doit coopérer à leur action sous ce double rapport ; et c'est là, que se trouve évidemment la première raison, qui rend le calorique continuellement indispensable à la vie et à l'accroissement des êtres organiques. Voilà pourquoi , sans lui , il ne peut exister aucune assimilation , aucune fonction , aucune vie.

§. 77. — D'un autre côté ; autant le calorique est contraire aux affinités d'inertie, autant il aide et favorise les affinités agissantes ou prochaines. Autant donc il seconde les forces organiques, dans les décompositions chimiques et dans l'assimilation de la matière inorganisée ; autant aussi il protège et entretient les combinaisons chimiques, qui peuvent se présenter dans la matière organisée. Telle est la seconde cause qui rend également la chaleur essentielle à la vie. En effet, dès que cette matière qui a déjà subi l'action des forces individuelles, et qui, par conséquent, a cessé d'être viable, en tout ou en grande partie, doit être rejetée du centre d'action des forces organiques, (§. 57) et retomber sous les lois de l'affinité, dont l'action leur est diamétralement opposée. Il résulte delà, qu'autant les premières ont organisé, autant l'affinité aura à détruire et à décomposer leur ouvrage. Puis donc que la vie individuelle consiste dans l'organisation continuelle d'une matière nouvellement admise, et dans la désorganisation proportionnelle de celle qu'elle avait antérieurement assimilée (§. 65); et puisque l'organisation a été le résultat de l'action des forces organiques, il faut aussi que la décomposition, la désorganisation, ainsi que toutes les opérations qui s'y rapportent, soient dues à l'affinité et au calorique.

§. 78. — Nous devons donc admettre, dans tout être vivant, deux séries de fonctions continuelles, l'une organique et l'autre chimique. La nouvelle matière qui, jusqu'à sa parfaite assimilation, est constamment l'objet de la première, sé soustrait insensiblement aux lois chimiques, dans la même proportion qu'elle éprouve la puissance et l'action des forces organiques. Les fonctions de ce genre seront donc toutes celles où l'organisme prédomine et asservit la matière : telles sont, là digestion des alimens, leur conversion en sang, la nutrition des solides, toutes les secrétions, etc. Mais dès l'instant que la matière, qui a traversé cette série d'opérations, commence à se soustraire sensible-ment aux forces organiques; dès-lors et dans le même rapport, commence et se rétablit le pouvoir de l'affinité; et nous appellerons fonctions chimi-ques, celles où cette dernière s'élève et l'emporte à son tour : telles sont spécialement toutes les *excré-tions*. Cependant, de même que les puissances chimiques peuvent encore se conserver, plus ou moins, dans les fonctions organiques ; de même, la force organique, ou quelques-unes des combi-naisons qui lui doivent naissance, persistent aussi souvent, dans les fonctions chimiques. Telle est la raison, pour laquelle, les derniers produits des êtres organisés, peuvent encore retenir, plus ou moins des caractères de l'organisme, et différent notamment des combinaisons chimiques de la matière totalement inorganique.

§. 79. — Il faut bien distinguer l'organisation même ou la forme organique, de la simple *liaison* ou *cohésion* organique; puisque cette dernière peut encore persister dans les corps mêmes, qui n'ont plus aucune trace de texture organique. L'extrait des plantes, le muqueux, le sucre, la gélatine, l'albumine, etc., ne conservent plus aucun vestige de leur origine, quoique leur liaison ou leur cohésion soit encore toute organique. Nous concevons, de la manière qui suit, la cohésion de tous les corps de la nature : 1° entre des molécules homogènes de matière entièrement inerte, on ne peut considérer d'autre force que celle, en vertu de laquelle, la matière tend réciproquement à conserver ses rapports, par le contact immédiat de ses parties. Ainsi l'attraction rapprochant ces élémens, tandis que le calorique les dilate et augmente leur volume; cette lutte constante entre deux puissances, absolument opposées dans leur action, détermine un certain équilibre, d'où dépend le plus ou moins de densité des corps et la place que

14.

doit occuper chacune de ses molécules. Nous appellons *simple* ou *physique* une telle cohésion, résultant de l'attraction, et de la force expansive du calorique; et c'est à elle qu'obéissent tous les corps bruts ou inorganiques.

§. 80. — 2° Les dernières molécules qui constituent un corps de cohésion simple, pouvant être, comme ce corps lui-même, séparées en principes qui diffèrent, tant par rapport à eux-mêmes, que relativement au corps dont ils faisaient partie; ces molécules doivent donc être considérées, comme un produit chimique, créé accidentellement dans la matière, par cette force, en vertu de laquelle, des élémens de diverse nature tendent à se combiner entr'eux, et à former ainsi de nouveaux corps, entièrement différens d'eux-mêmes. Nous donnons le nom de *cohésion chimique*, à une pareille union de la matière. Tous les corps de combinaison chimique appartiendront ainsi à ce genre de cohésion, sans cesser pour cela de faire partie de la cohésion physique. En effet, dès que les affinités demeurent saturées; alors les particules les plus tenues de la matière ainsi combinée, devenant homogènes, par rapport à elles-mêmes, retombent entièrement dans la cohésion simple (§. 79) et demeurent unies dans un certain arrangement, produit de l'attraction et de la chaleur.

§. 81. — 3° Enfin, dans les êtres organiques, la force individuelle luttant contre les combinaisons chimiques et contre les cohésions physiques ; elle dispose et enchaîne les élémens naturels de la matière viable, d'une façon qui lui est propre, et constitue une troisième série de combinaisons, différente des précédentes, que nous appellerons pour cela même *cohésion organique*. En les considérant dans leurs plus petites molécules et déjà libres d'une action ultérieure des forces organiques ; les élémens unis par ce nouveau mode d'action, ainsi que les corps différens des produits chimiques qu'ils composent, doivent également obéir aux puissances de l'attraction et du calorique ; et recevoir un certain degré de cohésion physique, proportionné à l'action qu'exercent sur eux ces deux puissances. Ainsi toutes les substances organiques sont, relativement à leurs molécules, comme toute autre matière, dans un état de cohésion physique, mais dans la cohésion organique, quant aux élémens confiés à l'organisme. De cette manière, on peut distinguer aisément la cohésion, de la structure organique. On peut concevoir aussi par là, sans peine, pourquoi la chimie est incapable de créer non seulement un être organisé, mais même une substance inerte douée d'une cohésion organique; et pourquoi les êtres vivans sont le laboratoire unique d'où peuvent sortir de pareils produits. Si nous considérons donc toutes les combinaisons naturelles, sous le rapport de leur structure, nous voyons évidemment que celle-ci est de deux espèces, *chimique* ou *organique*. Ainsi la *chimie organique* ayant une toute autre origine, doit constituer une science entièrement distincte de la *chimie générale*.

§. 82. — Reportons nos vues sur le calorique : nous voyons que moindre est dans un genre, une espèce, ou un individu donné, la puissance des forces organiques sur l'affinité; et plus ce genre, cette espèce ou cet individu nécessite de chaleur pour l'entretien de sa vie. La proposition contraire a lieu dans le même rapport. Chaque genre et chaque espèce possédant donc une force organique spéciale; on ne doit pas s'étonner si chacun d'eux exige aussi une température particulière, pour le maintien de son existence dans son entière vigueur ; et si l'animal et la plante ne peuvent vivre que dans les climats qui leur sont convenables, et qui leur sont, pour ainsi dire, spécialement assignés par la nature. Mais sous ce même point de vue, chaque être nécessitant, seulement, un degré de calorique convenable à son essence, reçoit autant de préjudice d'une privation qui affaiblit toutes ses fonctions, qu'il doit souffrir de dommage de son excès. En effet toute chaleur qui surpasse le degré nécessaire, ne peut plus être l'auxiliaire des forces organiques, ne favorise plus leurs fonctions, et par cela même ne sert plus qu'à seconder la désorganisation et toutes les excrétions. Ainsi toute température qui excède les bornes prescrites par l'organisation particulière, ne faisant que renforcer les fonctions chimiques, doit insensiblement finir par décomposer, épuiser et anéantir l'être. Porté par degrés au point le plus extrême auquel il puisse atteindre, le calorique devient enfin assez puissant pour dissoudre entièrement l'organisme et rendre la matière aux lois chimiques.

§. 83. — Mais que cet excès de chaleur demeure dans de certaines bornes, et que la matière viable afflue dans le même rapport ; alors toutes les fonctions organiques et chimiques, alors la vie toute entière se renforce dans la proportion de ce double excès. Nous en avons un exemple journalier dans les plantes, dont la végétation est d'autant plus rapide et plus féconde, qu'elles reçoivent à la fois plus de nourriture et de chaleur. Le défaut d'humidité avec excès de calorique, ou bien l'excès de nourriture sous l'empire du froid, les affaiblissent et les anéantissent également.

§. 84. — Puisque dans la vie des plantes, il existe une action réciproque et un certain équilibre entre les forces organiques et les affinités ; on doit dès lors attribuer tous les phénomènes d'une végétation énergique et brillante, à une abondance proportionnée des alimens et du calorique. Si cette double condition se trouve parfaitement remplie ; si la lumière, cette compagne inséparable de la chaleur atmosphérique, vient y joindre son influence : alors, la digestion, la nutrition et l'accroissement s'opèrent de la manière la plus énergique. La lumière et la chaleur commencent-elles à prédominer ? les fonctions organiques s'exaltent sensiblement ; la matière alimentaire, intérieurement reçue, s'élabore et s'assimile avec promptitude ; l'eau et l'acide carbonique se décomposent entiérement ; l'oxigène s'en dégage ; le corps surabonde en corps combustibles, en huiles, en résines, et produit infiniment moins d'acides et d'acidules végétaux. Mais si, par opposition ; à l'absence de la chaleur et de la lumière, se joint un excès d'eau et d'acide carbonique ; la décomposition et l'assimilation de ces deux corps seront infiniment moins parfaites. De tels végétaux, pauvres en huiles, en résines et en aromes, ou entiérement privés de ces produits, se rempliront de mucilage, d'eau et d'acide carbonique. Aussi voit-on les sites ombragés et humides favoriser singulièrement les plantes acides et muqueuses, les champignons par exemple. Aussi de telles plantes se plaisent-elles dans les lieux froids, humides et couverts ; tandis que les végétaux secs, de leur nature, résineux, huileux et aromatiques, préfèrent les sites élevés, secs, et les climats brûlans exposés aux plus grandes ardeurs du soleil.

§. 85. — Dans un état permanent de lumière et de température, la force organique sera d'autant plus active, qu'elle sera moins partagée et moins affaiblie, c'est-à-dire qu'elle aura moins de matière à assimiler. Elle aura d'autant plus d'énergie, eu égard aux affinités, qu'elle en aura moins à combattre et que l'individu aura moins à s'approprier de matière étrangère. Ainsi, sous un même degré de chaleur, et dans les mêmes circonstances, la force organique sera toujours en raison inverse de la quantité des alimens qui lui sera soumise.

§. 86. — Mais puisque les forces organiques et les affinités sont dans une lutte perpétuelle, et tendent réciproquement à se détruire, il en résulte : 1° que plus la force organique prédominera, moins les affinités ou les fonctions chimiques se manifesteront dans l'organisme. Ayant déjà admis, en général, que la force organique est plus énergique dans les animaux que chez les végétaux; et que parmi les premiers, elle l'est infiniment plus chez ceux qui se nourrissent du plus grand nombre d'êtres organiques : il s'ensuit, que dans ceux-ci, les combinaisons chimiques doivent être presque nulles, et que la matière qui les constitue, y a été, pour ainsi dire, plus complètement soustraite à la puissance de l'affinité; 2° moins un corps quelconque formé de matière viable, ou ses élémens constituans, auront d'affinité avec ceux d'un être organique donné, plus ce corps lui sera de digestion et d'assimilation faciles, *et vice versa*. Cette affinité peut être assez forte quelquefois, pour affranchir la matière de la puissance des forces organiques, la dégager de son mode de cohésion et détruire l'être vivant en tout ou en partie. 3° Tout ce qui, dans les êtres vivans, pourrait affaiblir les forces organiques et faciliter les fonctions chimiques, au détriment des premières, doit aussi seconder la désorganisation, par la production des affinités. Celles-ci reprennent en entier leur empire sur la matière viable, lorsqu'une cause quelconque est parvenue à anéantir les forces organiques; envahissement d'autant plus efficace et plus rapide, que ces forces auront été plus complètement opprimées; et qu'il y aura eu dans l'organisation donnée, une plus grande quantité de matière, précédemment soustraite à l'affinité, c'est-à-dire que la force organique aura été plus puissante, et la matière elle-même plus complètement saturée par l'organisme.

§. 87. — Ces principes une fois posés; il s'ensuit qu'à l'extinction entière des forces organiques ou après la mort, la matière viable ne peut persister

15.

long-temps dans ses connexions organiques; mais qu'elle doit, plus tôt ou plus tard, promptement ou d'une façon insensible, retourner sous l'empire des affinités, rompre conséquemment ses anciennes relations et en contracter chaque fois de nouvelles. On appelle décomposition spontanée ou *fermentation*, cet état des êtres organiques privés de vie. Le cours entier de la fermentation étant donc, de cette manière, une dissolution continuelle de tous les liens organiques, et une succession également constante de combinaisons chimiques : il en résulte, que tout ce qui favorise les affinités, en général, doit aussi hâter et seconder la fermentation ; et que tout ce qui s'oppose aux combinaisons spontanées, doit par opposition y mettre obstacle, ou la suspendre même si elle est déjà commencée.

§. 88. — Une condition indispensable au développement des affinités dans la matière morte, est l'affaiblissement de la cohésion, c'est-à-dire, une expansion convenable de la masse fermentiscible, qui ne peut avoir lieu qu'à l'aide de la chaleur et de l'eau interposées entre ses molécules. Toute espèce de fermentation nécessite donc un degré approprié d'humidité et de calorique. Sans cette double circonstance, l'être organique privé de vie, conserve sa structure et sa forme, et la fermentation même qui s'y serait établie cesse ses progrès à l'instant. Telle est la raison pour laquelle les corps secs et durs de leur nature, comme le bois et tous les tissus des plantes, les os des animaux, les cheveux, les cornes, les ongles etc., peuvent rester si long-temps intacts et inaltérables. Voilà pourquoi, des cadavres entiers d'animaux secs et peu succulens se maintiennent dans leur intégrité pendant des siècles, sous la terre, dans des lieux secs, sablonneux, calcaires, froids et suffisamment privés du contact de l'air atmosphérique. Delà, la coutume reçue dans l'économie domestique, de conserver les viandes en les desséchant et les végétaux en les enfouissant dans un sable très-sec. Le sel marin, le nitre et tant d'autres sels ne préservent la viande de la corruption, qu'en dépouillant d'humidité sa fibre charnue, et en y maintenant par leur dissolution insensible, la température à un degré inférieur.

§. 89. — Une grande partie des nouveaux composés, résultant de la fermentation, se terminent par la combustion des élémens qui constituent le corps organique. Telle est la formation abondante d'acide carbonique, d'eau, et d'acide acéteux dans quelques circonstances. Sous ce rapport, on peut considérer la fermentation comme une espèce de combustion insensible. C'est pour cela qu'un libre accès de l'air atmosphérique, et principalement de l'oxigène, est absolument indispensable à la décomposition spontanée des corps organiques. Par la même raison, ces substances profondément submergées, enfouies dans les entrailles du globe, plongées dans une liqueur de nature acide, spiri-tueuse, huileuse ou alkaline, ne peuvent ni se décomposer ni se détruire. Cette conservation acci-dentelle sera d'autant plus durable et plus assurée, que le liquide qui les environne, aura moins de tendance à la décomposition, soit par lui-même, soit par son action sur les corps qui y sont immer-gés. Delà résulte la grande supériorité de l'alcool, pour la conservation des matières animales.

§. 90. — Mais de même que l'attraction rap-proche et unit entr'eux les corps naturels, en leur donnant une certaine forme régulière et une force de cohésion déterminée ; de même que les affinités réunissent des molécules hétérogènes, d'une façon qui leur est propre ; de même aussi l'organisation pourvoit la matière du mode particulier de cohésion et de combinaison, que nous avons désigné plus haut sous le nom d'organique (§. 81). Quoique la vie s'éteigne dans la matière organisée, et que la force organique cesse d'agir ; sa structure actuelle n'en persiste pas moins, jusqu'à ce que d'autres forces opposées soient parvenues à la détruire. Ou plutôt, les forces qui ont créé cette cohésion organique, persévèrent et se conservent encore dans cette matière morte, mais assoupies, saturées, et conséquemment inactives, c'est-à-dire, dans un état d'inertie et de repos. Voilà pourquoi la matière, privée de vie même, se maintient dans sa forme organique, tant que les affinités ne sont pas parvenues à agir sur elle, et perd insensiblement cette structure, dans la même progression où les affinités commencent à se développer, à l'aide de l'eau et du calorique. Comme dans ce dernier cas, la décomposition spontanée peut se trouver à chaque instant suspendue ; les produits chimiques qui en résultent peuvent conserver encore quelques-uns des caractères des substances organiques, et se distinguer par là de toutes les autres combinaisons chimiques, qui ont lieu dans la matière entièrement inorganisée. Aussi long-temps, en un mot, que l'union organique ne sera pas complètement anéantie, cette matière ne peut être encore considérée, comme un simple produit chimique ; une pareille condition ne pouvant ré-sulter que d'une désorganisation absolue, ou du dernier degré de la décomposition spontanée.

§. 91. — On reconnaît dans la fermentation trois périodes et chacune a ses produits différens. De la première ou de la fermentation *vineuse*, on obtient le vin, dont le caractère essentiel est de fournir l'alcool à la distillation. La seconde ou *l'acéteuse* forme tous les vinaigres connus. La troisième enfin, qui porte le nom de fermentation *putride*, et qui est le terme constant des deux pre-mières, achève de détruire jusques aux dernières traces de l'organisme, et convertit tout en eau, en acide carbonique et en matière terreuse. Comme ce dernier degré de la fermentation fournit de l'ammoniaque dans toutes les substances animales et dans certaines plantes ; on a, pour cela, voulu considérer la formation de ce gaz comme son type essentiel ; ce qui n'est absolument vrai que pour les corps qui contiennent de l'azote dans leur composition organique.

§. 92. — Il résulte évidemment de ces principes, que les corps organiques morts tendent tous, quoique non tous également, à la décomposition spontanée. Cette différence tient à ce que les élémens qui les constituent, n'étant pas uniformément soustraits à la puissance de l'affinité, doivent retourner sous ses lois avec une promptitude et une force inégales et relatives. Ainsi ceux qui ont éprouvé, avec le plus d'énergie, l'action des forces organiques, et dont l'aggrégation a été conséquemment la plus éloignée de celle qu'ils eussent reçu de l'affinité, sont les plus empressés à se décomposer et à retourner sous son empire. Ceux, au contraire, dont la structure est moins opposée à l'état naturel, c'est-à-dire, qui appartiennent encore, en très-grande partie, au domaine de l'affinité, ne se désuniront que lentement et d'une façon presque insensible. Bien plus, leurs principes constitutifs se trouvant entr'eux dans une sorte d'équilibre, et leurs affinités n'éprouvant pas une aussi grande contrainte, cet état mixte peut souvent subsister très-long-temps, et la décomposition spontanée

n'avoir lieu qu'avec l'entremise de quelqu'impulsion première qui, en faisant pencher la balance,
donne de nouveau carrière à l'affinité. Ainsi, ceux
de ces corps, qui tendent le plus fortement à la
décomposition spontanée, débuteront sur le champ
par la fermentation putride. D'autres, dont le mode
d'aggrégation est moins opposé aux affinités, com-
menceront par la fermentation acéteuse ; d'autres
enfin par la vineuse, d'où successivement ils passe-
ront aux deux suivantes. C'est-à-dire en d'autres
termes : tous les liens d'aggrégation organique s'o-
pèrent contre l'ordre naturel de l'affinité : or, plus
ces combinaisons seront puissantes et compliquées,
plus l'affinité redoublera d'efforts pour les détruire :
et plus des circonstances favorables la mettront
en jeu avec promptitude, plus rapidement aussi
les dernières combinaisons organiques marcheront
à leur dissolution la plus complète.

§. 93. — Ainsi toutes les substances animales,
en général, et dans les plantes celles dont la structure est la plus parfaite, se décomposent avec une
promptitude extrême, et commencent de prime
abord par la putréfaction. Le mucilage végétal et
la fécule forment d'abord du vinaigre, qui livré à

lui-même, passe également à la fermentation putride. Le sucre et tous les sucs doux des plantes,
étendus convenablement et maintenus dans une
température nécessaire, passent d'abord à la vini-
fication, en laissant dégager une quantité considérable d'acide carbonique. Ce vin se convertit en
vinaigre, qui finit par se putréfier, de même que
dans les cas précédens. Cette série complète de
mutations chimiques, ne pouvant avoir lieu qu'à
l'aide d'une humidité proportionnée, de la chaleur
et du libre accès de l'air atmosphérique; la soustraction d'une de ces conditions ou de toutes à la
fois, doit nécessairement suspendre la fermentation, à quelque point qu'elle se trouve, et empêcher ses progrès ultérieurs. Il dépend donc de
nous, par la direction des circonstances indispensables à la fermentation, de l'arrêter à notre gré
chez les végétaux, et d'en modifier ainsi les produits
dans chaque instant de sa durée. L'expérience avait
sur cette matière et bien long-temps avant la théorie,
dirigé les opérations de l'industrie humaine.

§. 94. — La fermentation, envisagée de cette
manière (et elle ne peut l'être autrement), n'a donc
lieu que dans les êtres, où existe l'aggrégation

organique, et dans lesquels la vie et toutes ses fonctions se sont entiérement éteintes. Durant la vie , et tandis que la force organique agit cons- tamment et prédomine , partout où les combinai- sons organiques marchent sans interruption , rien de semblable à la fermentation ne peut se produire. Là même , où l'affinité se montre plus ou moins active , le résultat se partageant entre elle et la force organique , n'est que le produit moyen de ces deux puissances. Ainsi la putréfaction admise, dans quelques cas chez les êtres vivans , ne peut, en aucune façon, avoir lieu durant la vie ; à moins que dans quelques parties où celle-ci se serait entié- rement éteinte. On doit néanmoins accorder que dans quelques circonstances où la force organique est notamment affaiblie, et suffit à peine pour em- pêcher l'extinction totale de la vie, les forces anti- organiques doivent prendre un ascendant propor- tionnel, et tendre à la ruine entière de l'économie. Et bien qu'on ne puisse alors même y supposer une putréfaction réelle, on ne peut cependant y méconnaître une certaine tendance à ce terme ; mais dans ce sens seulement, que la machine organique touche à sa décomposition dernière. C'est là le symptôme d'une mort prochaine, qui ne peut être limité à aucune maladie en particulier, mais qui se présente chez toutes, dans tous les cas et dans toutes les circonstances.

§. 95. — On ne peut donc poser de bornes aux envahissemens de la force anti-organique dans les êtres vivans, qu'en protégeant son antagoniste, c'est-à-dire, la force organique, et en soutenant la série des fonctions qui constituent la vie; de même que dans la matière organique morte, la putréfaction ne peut être prévenue, qu'en soustrayant ces substances aux conditions essentielles à la fermentation. Ainsi toute la doctrine des médicamens prétendus anti-putrides spécifiques, ne peut avoir d'appui dans le sain raisonnement; et supposer la putréfaction possible dans la machine vivante, c'est admettre l'existence du vin dans la grappe tenant encore à la vigne.

CHAPITRE V.

Enfouissement de la matière viable dans les entrailles du globe. — Son retour à la surface.

§. 96. — La matière viable une fois organisée, ne pouvant, après l'extinction même des forces organiques, se décomposer entiérement sans l'intervention de l'eau, de l'air et d'une chaleur convenable : il en résulte que toutes les fois qu'elle se trouve dans des circonstances opposées, c'est-à-dire inaccessible à l'air, à l'eau et à la chaleur, et qu'elle n'est pas employée et élaborée de nouveau comme nourriture, par d'autres êtres vivans, elle peut conserver et maintenir sa structure intacte, pendant une longue suite de siècles. Dans l'antiquité, des hommes puissans, dont l'orgueil fut toujours l'élément favori, ignorant l'art de transmettre la meilleure portion d'eux-mêmes, à la postérité la plus reculée, travaillèrent à lui laisser au moins leurs cadavres incorruptibles. Dans cette vue, leurs successeurs faisaient laver ces corps, après en avoir arraché ou laissé putréfier les entrailles. On les saupoudrait de soude; plusieurs semaines étaient employées à cet appareil funéraire, et on finissait par enduire ces cadavres, bien nettoyés et desséchés complètement, avec des huiles odoriférantes et balsamiques. Celles-ci les rendant imperméables à l'air et à l'eau, et s'emparant lentement de l'oxigène, y formaient un vernis impénétrable. Tous ces corps ainsi préparés étaient fortement enveloppés d'une toile fine et gommée. Plusieurs de ces monumens de l'antiquité égyptienne sont même parvenus jusqu'à nos jours.

§. 97. — La nature, qui dans son grand travail fait marcher de front les plus grands résultats, cache souvent et enfouit dans les abîmes de la terre, des masses énormes d'êtres organiques ou de leurs débris, et les dérobe ainsi pour des siècles à toutes les influences. Indépendamment, en effet, de ce que la surface entière de notre globe, immense et perpétuel atelier de l'organisme, se compose, presqu'en totalité, des produits actifs de la vie, ou des débris d'une existence déjà terminée; les entrailles de la terre nous présentent aussi

journellement , et à d'assez grandes profondeurs,
un nombre infini de pareils êtres brisés et infor-
mes. Les mers qui recouvrent la plus grande partie
de notre planète, nourrissent, dans leur sein une
multitude innombrable d'êtres organiques, qui ter-
minant à chaque instant le cours de leur existence,
sont réunis, mêlés par les flots, et s'amoncèlent ,
avec le temps, en masses proportionnées à leur
séjour. Outre cela, les eaux qui arrosent la surface de la terre, les débords, les pluies, les tor-
rens, se rendant tous aux canaux communs des
fleuves et de là au lit des mers , y transportent aussi
une quantité notable de fragmens organiques. Ajou-
tons encore que ces mêmes eaux entraînent la terre , dépouille de leurs rives et des montagnes , qui
réunie et mélangée aux premiers dépôts, exhaussé
insensiblement le fond des mers , tandis que le sol
s'affaisse ainsi proportionnellement par ces pertes
journalières. D'où il résulte que, par la succession
des siècles, ces grands réservoirs de la nature sont
forcés d'abandonner leurs anciennes limites, et
d'inonder graduellement quelques nouvelles portions de la surface terrestre. La profondeur de ces
couches intérieures de débris organiques, doit être

en raison de celle des eaux, dans l'origine de l'alluvion, pour chacune de leurs parties. Joignons enfin, à ce travail journalier et insensible des eaux, les révolutions terribles, que paraît avoir, et à différentes reprises, essuyées notre globe dès son origine. Dans ces révolutions doivent être comprises les inondations soudaines et étendues ou les déluges, les tremblemens de terre, les tourbillons ou les violentes secousses de l'atmosphère, qui souvent couchent à terre des forêts entières, etc.

§. 98. — De tels dépots organiques, soit qu'ils gissent au fond des mers, soit qu'ils se trouvent concentrés dans quelques abîmes résultant des secousses volcaniques, sont dans l'impossibilité d'éprouver une décomposition naturelle et spontanée. D'une part, la température du lieu est trop basse ; de l'autre, tout accès y est interdit à l'air extérieur. L'eau, dont ils peuvent être recouverts et quelques corps minéraux, sont les seules substances qui aient sur eux une action prochaine. L'eau dissout d'abord et enlève toutes les parties sucrées, gommeuses, salées et extractives : elle atténue ensuite et divise, à l'infini, les molécules des substances organiques qui lui sont soumises ;

opération qui, longue et continuelle , y développe les huiles, les résines, le soufre et la graisse, sur lesquelles elle n'a elle-même aucune puissance. Ces élémens gras et résineux , derniers résultats de la destruction des corps organiques, devenus commensaux du règne minéral, accroissent son empire, se mêlent et se combinent avec la matière inerte; ou bien s'accumulent en masses dures et solides, qui reparaissent, ça et là, avec les eaux à la surface. Telle est l'origine indubitable du charbon fossile et de toutes les matières grasses du globe terrestre. L'analyse chimique nous prouve, en effet, que ces substances minérales ne diffèrent en rien des huiles et des résines produits de l'organisme, et qu'elles proviennent conséquemment d'une source commune. Cette décomposition humide développant, avec les résines et les huiles, une quantité notable de soufre, il n'est pas étonnant de trouver une si grande abondance de pyrites dans tous les dépôts de charbon minéral.

§. 99. — Le règne minéral s'est tellement accru, jusqu'à nous, des dépouilles de l'organisme, que, si l'on excepte le centre du globe, qui paraît entiérement formé de granit, le reste de la terre se compose presque uniquement de couches plus ou moins riches en souvenirs organiques, ouvrage évident des eaux. Le charbon fossile surpasse, à lui seul, tous les autres corps gras de la nature; et il est à peine une contrée qui n'en présente, dans plusieurs points, à une certaine profondeur. Ces grandes masses de substances inflammables et huileuses, stratifiées, pour ainsi dire, avec les lits terrestres, et particulièrement avec le fer sulfuré qui abonde toujours dans de pareils dépôts, sont quelquefois exposées à un embrâsement spontané. L'eau filtrant partout et se frayant une voie entre leurs assises, doit à la fin concourir elle-même à la décomposition des pyrites. Dans ce cas, l'affinité de son oxygène pour le soufre, dégage une quantité notable de calorique, qui finit par échauffer, quoique lentement, la masse entière. La chaleur, une fois mise en jeu, accélère encore davantage la décomposition de l'eau, déjà commencée, et en devient elle-même d'autant plus intense. Ces transitions se succèdent insensiblement, jusqu'à ce qu'enfin, ces magasins immenses de matières éminemment combustibles et inflammables, soient portés à une température telle, qu'elle décompose ou réduit en vapeurs toutes les eauxqui les avoisinent. Si pour lors, une communication vient à s'établir entr'eux et la mer, un lac ou de grands fleuves ; une pareille circonstance donnant un nouvel aliment au calorique, augmente cette série de phénomènes. Dans ce cas, la quantité énorme de gaz hydrogène et de vapeurs aqueuses ne trouvant aucunes cavités souterraines, aucunes fentes, aucunes cavernes suffisamment spacieuses pour son expansion, circule et se meut dans tous les sens avec une force indescriptible, illimitée et presque inconcevable. Elle brise, renverse et détruit les obstacles qui auraient paru les plus invincibles. Un bruit souterrain, menaçant et affreux se fait entendre ; le centre de la terre en est ému ; sa surface tremblante éprouve des secousses convulsives et répétées. Mais proportionnant ses efforts à la résistance, la vapeur brise enfin tout ce qui s'opposait à elle, jusqu'à ce qu'elle se soit ouverte une issue libre à l'extérieur. L'air atmosphérique ayant une fois accès dans ces vastes amas de matériaux inflammables et brûlans, allume en même-temps la masse toute entière. L'embrâsement se propage et devient dévorant. Le dégagement de gaz et de vapeurs s'accroît avec l'incendie ; la terre tremble de nouveau ; ses secousses parcourent et effrayent des provinces, et des royaumes entiers ; cet état de tourmente ne cesse que lorsque ces corps aériformes se sont eux-mêmes ouvert une issue, par l'ouverture déjà opérée à la surface. Là, rassemblant et transportant tout ce qui pouvait encore leur offrir quelques obstacles, ils lancent dans les airs, avec violence et fracas, une abondance de matières enflammées, d'eau de cendres, de terre, de pierres, de substances vitrifiées, ou seulement à demi-altérées par le feu. Ces premiers efforts de la vapeur aqueuse et de l'hydrogène à leur sortie, donnent naissance aux tremblemens de terre : leur issue elle-même est celle des volcans.

§. 100. — Il suffit donc, pour qu'un tremblement de terre ait lieu, que l'eau humectant les couches pyriteuses ou les assises de charbon minéral, riches en fer sulfuré, se soit décomposée en partie et ait ainsi opéré le dégagement d'une portion de son hydrogène : pour constituer les volcans, Il faut en outre l'accès de l'air extérieur. Mais puisqu'il est peu de régions qui ne possèdent dans leurs entrailles, des lits de pyrites et de charbon fossile ;

par cela même, les tremblemens peuvent se présenter, et les volcans doivent avoir existé, et peuvent se montrer par la suite, sur toute la superficie du globe terrestre. Il n'est pas en effet de climat qui n'ait ses volcans, sans rappeler ceux qui se sont éteints, et dont les traces se retrouvent dans chaque contrée. Les tremblemens de terre ne peuvent survenir, que lorsque les corps gazeux n'ont point d'issue libre à l'extérieur. C'est pour cela qu'ils existent, soit dans les lieux isolés des volcans qu'ils constituent quelquefois eux-mêmes par leur éruption; soit dans leur voisinage, lorsque par quelque circonstance fortuite, la communication se trouve interrompue entre leur foyer et le cratère volcanique ; et dans ce dernier cas, ils se terminent aussi par le rétablissement de cette correspondance. Cette théorie explique, de la manière la plus précise, tous les phénomènes des volcans, qui ne peuvent entraîner, dans cet article, d'éclaircissement plus étendu.

§. 101. — Telle est donc la voie par laquelle les dépouilles organiques, accumulées dans le règne minéral, se décomposent et se consument. Le dernier résultat de cet embrâsement est de transformer

toutes ces substances en acides, carbonique, sulfu-
rique, sulfureux et en cendres ; les uns s'échappant du cratère sous forme gazeuse, et les autres
en étant lancées au loin par les éruptions volcaniques. Ces élémens de matière viable, ensevelis dans
les entrailles du globe, reparaissent alors à sa surface, avec la puissance imprescriptible de repasser
par la série des êtres organisés, et de recommencer de nouveau la vie. C'est ainsi que des magasins
immenses de cette matière, que la nature retenait,
depuis des siècles, captive dans ses abîmes, et
qui semblait avoir perdu à jamais la possibilité de
retourner à l'organisation et à la vie, profite de sa
délivrance, pour s'élancer dans son ancienne carrière. Les volcans sont donc les grands moyens
qu'emploie la nature, pour parvenir à cette fin
sublime. Nous voyons par là combien est grande
leur utilité dans la composition universelle du globe
terrestre ; et combien sont importantes leurs fonctions dans l'équilibre général. Nous voyons que
s'ils détruisent quelquefois une très-petite quantité
d'être vivans, ils profitent à tous en commun. Nous
voyons enfin de quelle façon merveilleuse, l'auteur
suprême de toutes choses, fait concorder, sans

interruption, la chaîne des effets et des causes.
Sans l'existence des êtres organiques, les volcans
n'eussent jamais existé ; ils n'ont dû paraître que
très-tard après la création du monde. Sans les volcans, cette quantité énorme de matière viable, accumulée chaque jour dans les profondeurs du globe,
et n'ayant aucun moyen de retour à la surface, eut
été, à jamais, perdue pour l'organisation et pour la
vie. Ces pertes se répétant journellement et sans être
jamais réparées, le nombre des êtres organiques
se fut diminué dans la même proportion, et eut
fini par périr et disparaître.

§. 102. — L'eau est l'agent essentiel, qu'emploie
successivement la nature, pour parvenir à d'aussi
grands résultats. C'est elle, qui est l'élément le
plus abondant de tous les êtres organiques ; c'est
elle qui est la cause la plus générale de leur trans-
port et de leur long séjour sous les premières
couches de la terre ; c'est probablement elle aussi
qui, dans cette occasion, est l'instrument de leur
décomposition et de leur changement en corps
gras : c'est à elle enfin que sont dues, par degrés, les couches de charbon fossile et de pyrites,
leur décomposition, les secousses du globe et les

éruptions volcaniques. Ainsi, cette même cause qui a fermé, pour un si long espace de temps, à la matière viable, les voies de l'organisation et de la vie, l'y ramène plus tard elle-même, pour l'ensevelir de nouveau ; de telle sorte que dans cette circonstance, comme dans la nature entière, les causes et les effets se touchent et s'enchaînent mutuellement.

CHAPITRE VI.

Considérations plus particulières sur la vie des plantes. — Détermination des forces organiques qui agissent sur elles.

§. 103. — **D**ANS toute espèce de vie, dans chacune de ses fonctions et de ses parties organiques, enfin dans la nature vivante entière, règne une lutte perpétuelle entre les forces organisantes et anti-organiques. Aux premières se rapportent la force, proprement dite organique, et la viabilité : leur union mutuelle constitue l'organisation et la vie. Les secondes sont la cohésion physique et les affinités. Mais dès que la cohésion physique est à peu près nulle dans les substances alimentaires des plantes, on peut en conclure avec certitude, que leurs forces organiques n'ont à combattre que les seules affinités. Il résulte delà, que toute la matière viable consommée par elles, y importe en même-temps, deux forces, c'est-à-dire, deux causes d'action et de changemens, qui sont : 1° *la viabilité*, en vertu de laquelle elle tend à l'organisation, en adoptant la structure et l'existence de l'individu qui l'a reçue dans son économie ; 2° *les affinités* propres à la substance alimentaire introduite. D'où nous inférons que les corps extérieurs n'agissent sur les végétaux que par la viabilité et les affinités.

§. 104. — Cette double action appartient en totalité à la matière viable étrangère, introduite dans la plante, et s'exerce entiérement sur la matière déjà organisée. Mais dès que l'être vivant ne peut y opposer que la puissance assimilatrice ou organique, et que ces deux espèces de forces sont absolument opposées entr'elles ; il s'ensuit, que chaque introduction de la matière dans les plantes, y établit au même instant une action et une opposition spontanées ; la première s'efforçant de ravir à la matière organisée sa structure présente, et de la soumettre à l'empire des affinités ; la seconde tendant à l'organisation de la matière introduite et encore inorganisée. De ce conflit, résultent les phénomènes de la vie des plantes ou de la végétation, qui doivent dépendre, en partie, des affinités, de la viabilité et de la force organique,

18.

ou plutôt de ces trois puissances à la fois. Et comme nous donnons le nom de vie à la réunion de ces phénomènes, nous reconnaitrons également que les causes, c'est-à-dire, les forces qui constituent la vie des végétaux, sont la *viabilité*, les *forces organiques* et les *affinités*.

§. 105. — Si nous venons à considérer la matière comme agissant uniquement par la viabilité, c'est-à-dire, par sa tendance à l'organisation et à la vie ; nous verrons chaque effort de cette tendance, suivi d'une réaction des forces organiques correspondantes, assimiler une portion de la matière inorganisée, et désorganiser proportionnellement une partie de la matière organique. Si nous l'examinons comme mue par les affinités ; chaque effet de ces forces doit être d'opprimer une partie des forces organiques, et de soumettre conséquemment aux lois chimiques une plus ou moins grande portion de la matière organisée ; tandis qu'au contraire, chaque fonction organique doit détruire en partie les affinités, et leur substituer les liens de l'organisme. Le rôle de ces deux puissances, c'est-à-dire de la force organique et des affinités, est donc d'être réciproquement et directement opposées dans leurs actions ; tandis que la viabilité, leur prêtant un mutuel secours, aide autant la force organique à élaborer la matière introduite dans l'économie vivante, qu'elle seconde les affinités pour désorganiser la matière déjà pourvue de la structure organique.

§. 106. — Ainsi, plus la matière admise dans la plante agira puissamment par les affinités ; et plus aussi les forces organiques seront opprimées, plus de parties vivantes soumises aux puissances chimiques, et plus enfin le végétal lui-même s'approchera de sa décomposition et de la fin de son existence. Si, par opposition, les affinités de cette matière sont déjà saturées ; elles développeront bien moins d'énergie sur la matière organisée, la soumettront moins aux puissances chimiques, et affaibliront d'autant moins la force organique. Mais d'autre part, les forces nécessaires pour la décomposer, la soumettre aux liens organiques et l'assimiler, devront être d'autant plus grandes, que les affinités y auront été plus saturées ; et comme la chaleur et la lumière sont les deux puissances les plus énergiques contre les affinités quiescentes ; il en résulte que c'est alors que les corps organiques auront le plus besoin de la chaleur et de la lumière. Telle est la cause principale pour laquelle les végétaux, qui ne vivent uniquement que d'eau et d'acide carbonique, ne peuvent ni se maintenir, ni prendre d'accroissement sans chaleur et sans lumière ; car la décomposition de ces substances alimentaires est difficile, par la force d'affinité des principes qui les constituent.

§. 107. — Dans les plantes, en général, il ne peut donc exister de fonctions, d'assimilation, et d'excrétions sans la chaleur et la lumière. Les végétaux, à la vérité, comme tous les autres êtres organiques, produisent par eux-mêmes, une chaleur intérieure différente de celle de l'air ambiant : mais cette production tient à leur force vitale, aux fonctions organiques, et dépend aussi du calorique extérieur. En parlant de la chaleur, nous y joignons toujours l'idée de la lumière ; parce que la manière précise dont cette dernière agit et se comporte, nous est jusqu'ici peu connue, et que ces deux principes ont, dans le soleil, une source commune d'influence sur tout le globe terrestre. Le soleil est donc, dans l'acception la plus rigoureuse, une des causes essentielles et indispensables de la vie végétale, une des forces qui la constituent. Sans lui, la matière viable placée sur la surface de la terre, n'eut pu ni s'organiser ni vivre. C'est ce que prouve évidemment l'état de la végétation dans nos froids passagers, et surtout dans l'hiver presque éternel des régions polaires. Aussi, le sublime Créateur de toutes choses, en enchaînant au soleil la terre qu'il couvrit d'êtres vivans, et la forçant à tourner autour de lui, conserva à jamais à cet astre la chaleur et la lumière. Les autres planètes ont été, sans doute, l'objet de la même providence.

§. 108. — Dès que les végétaux s'alimentent uniquement d'eau et d'acide carbonique ; et qu'aidés de la chaleur et de la lumière, ils exhalent une quantité abondante de gaz oxygène : il faut qu'en s'assimilant ces deux substances naturelles, ils détruisent non seulement les affinités quiescentes existant entre les principes qui les constituent ; mais que sous le rapport chimique, ils en diminuent en outre notablement les proportions d'oxygène. C'est pourquoi, sous ce point de vue, la végétation doit être considérée comme une *décombustion* partielle de l'eau et de l'acide carbonique ; tellement

que chaque plante, et chacune de ses parties doivent
être, plus ou moins, combustibles. L'expérience
confirme en effet cette vérité, de la manière la plus
satisfaisante possible ; et l'analyse chimique des
végétaux nous apprend qu'ils doivent tous être
envisagés comme un genre particulier d'oxides à
double base. Mais indépendamment du gaz oxygène
que les plantes exhalent à la lumière, elles donnent
encore de l'eau vaporisée, et à l'ombre du gaz
acide carbonique. Leurs excrétions naturelles se
réduisent donc à de l'eau et à de l'acide carbonique. Ainsi, leur force assimilatrice ou organique
change en leur propre substance l'eau et l'acide
carbonique, tandis que leur force anti-organique
ou chimique les décompose elles-mêmes et les
retransforme en eau et en acide carbonique. La
première de ces fonctions prédomine à la lumière ;
la seconde durant l'obscurité. Les principes que
nous avons posés plus haut (§. 78), éclairent et
confirment parfaitement cette théorie. Mais comme
les fonctions végéto-organiques expulsent au dehors une grande quantité d'oxygène ; il faut que
cette perte soit remplacée, pour que les fonctions
chimiques puissent, à leur tour, convertir le corps

végétal en eau et en acide carbonique. Telle est la raison pour laquelle les plantes ne peuvent vivre long-temps sans le libre accès de l'oxygène.

§. 109. — Tout ce qui précède nous conduit aux corollaires suivans : *premièrement*, les végétaux exigent l'accès du gaz oxygène, pour pouvoir entretenir leurs excrétions d'une manière convenable ; c'est-à-dire, pour qu'ils n'éprouvent aucune interruption dans leur fonction chimique. *Secondement*, la fonction organique des plantes étant une décombustion d'eau et d'acide carbonique, et leur fonction chimique étant une oxidation ou une vraie combustion d'hydrogène et de carbone ; cette opération, selon les lois générales de toute combustion, ne peut s'effectuer sans oxygène. *Troisièmement*, l'opinion commune de la purification de l'air atmosphérique par les végétaux, est erronée ; puisqu'il résulte évidemment de notre théorie, qu'autant ils l'améliorent d'un côté, autant de l'autre ils le détériorent ; ou, en d'autres termes, qu'ils dépouillent l'atmosphère d'une quantité d'oxygène égale à celle qu'ils versent dans son sein. *Quatrièmement*, sur toutes leurs surfaces, mais plus particulièrement dans tous les points, où

se forment l'eau et l'acide carbonique, les végétaux éprouvent une combustion lente et insensible,
tandis que dans tous ceux où s'opère l'assimilation,
ils se rapprochent toujours davantage de l'état de
corps combustibles ; c'est-à-dire, qu'ils se brûlent
sans cesse d'une part, et se débrûlent de l'autre
dans les mêmes proportions. *Cinquièmement* enfin,
sans avoir égard aux parties solides des plantes ;
tous leurs fluides eux-mêmes ont plus de densité que
l'eau, et conséquemment beaucoup plus que l'acide
carbonique. La force organique en assimilant ces
matériaux alimentaires, les rend donc plus denses
et plus fixes : d'où il résulte que dans chaque partie
où s'opère une assimilation, une quantité proportionnelle de calorique se trouve aussi dégagée, et
qu'ainsi la plante s'échauffe perpétuellement elle-
même par l'action constante de ses fonctions organiques. Mais dès que cette fonction ne s'interrompt
jamais, et qu'ainsi le développement du calorique
est continuel, les végétaux se seraient échauffés à
chaque instant davantage ; si la formation de la vapeur aqueuse et du gaz hydrogène, par la fonction
chimique, n'eut absorbé et emporté, hors de la
plante, cet excès de chaleur. En un mot, autant la

fonction organique échauffe les végétaux, autant la fonction chimique les refroidit à chaque moment. Or, ces deux actions opposées s'exerçant sans relâche durant tout le cours de la vie végétale, il n'est pas étonnant que les plantes possèdent toujours une température qui leur soit propre, et qui dépende bien moins de l'état thermométrique de l'atmosphère, que de celui de leur vie individuelle. Si la chaleur extérieure est excessive; dès lors, la fonction chimique (§. 82) s'exalte proportionnellement et réduit la température végétale au-dessous de l'atmosphérique. Si celle-ci est trop abaissée; la fonction chimique diminue avec elle, et la plante perdant ainsi moins de calorique, s'échauffe au-delà du degré ambiant, par la fonction organique. Tout cela ne peut avoir lieu que jusqu'à de certaines bornes, au-delà desquelles la chaleur poussée à l'excès affaiblit toujours de plus en plus la plante, jusqu'à sa destruction entière; ou bien un froid intense suspend entièrement la fonction organique, et finit également par y éteindre la vie.

§. 110. — Si, par quelque cause que ce soit, la force organique se trouvait trop affaiblie ou demeurait privée de ses auxiliaires habituels, la chaleur

et la lumière ; dans ce cas, les alimens ordinaires
ne pourraient pas être convenablement digérés ni
assimilés, mais persisteraient dans un état de cru-
dité plus ou moins complète. De là, rien d'étonnant que les végétaux frustrés du calorique et de la
lumière, aient une assimilation toujours plus ou
moins imparfaite, et qu'étiolés et défaillans ils s'in-
filtrent d'eau, d'acide carbonique et de mucilage.
L'assimilation végétale étant, sous le rapport chimique, une décombustion continuelle : plus elle
sera parfaite et secondée par la présence de la
chaleur et de la lumière, plus aussi toutes les parties végétales deviendront combustibles. Ainsi, les
huiles, les arômes et les résines doivent être les
degrés les plus élevés de l'assimilation végétale,
dont le mucilage et l'acide sont les plus bas. Mais
ces premières productions parcourant graduellement la série des organes, et y éprouvant successivement aussi, une assimilation plus énergique,
peuvent à la fin revêtir eux-mêmes tous les caractères de ces derniers produits de l'organisme
végétal. Cette assertion nous est confirmée de la
manière la plus frappante, par l'observation journalière de la végétation elle-même. Toutes les

plantes et toutes leurs parties sont, dans leur principe, aqueuses, mucilagineuses et acides. Ce mucilage et cet acide s'élaborent en fécule, en sucre et
en fibre végétale ; et plus tard, en huiles, en résines
et en arômes. Ainsi les mêmes matériaux constituans du végétal, marchent successivement et par
dégrés d'assimilation et de perfectionnement, à
mesure qu'ils s'avancent dans la carrière de l'organisme.

§. 111. — Le hasard peut introduire dans les
plantes quelques substances, dont les affinités quiescentes soient tellement puissantes, que la force vé-
géto-organique ne puisse les détruire. De tels corps
ne peuvent être assimilés ; mais attirant sur eux
une portion de cette force, la diminuant et l'affaiblissant dans la matière organisée, ils favoriseront,
dans la même proportion, la désorganisation, les
fonctions chimiques et toutes les excrétions en général. La plante perdant ainsi une quantité notable
de matiere, irréparable par le corps qui provoque lui-même ce dommage, doit s'épuiser, s'affaiblir, et enfin périr. Des expériences, sur lesquelles
il est impossible d'élever aucun doute, nous ont
convaincu que le mercure et d'autres corps métal-

liques ou salins, introduits artificiellement dans les végétaux, en ont entraîné, plus ou moins promptement, la consomption et la ruine. Certaines exhalaisons, gazeuses ou vaporeuses, leur sont de même évidemment nuisibles. Ces effets seront d'autant plus puissans et plus rapides, que les corps délétères auront, par eux-mêmes ou par leurs élémens constitutifs, une affinité plus grande avec ceux de la matière organisée; affinité à l'aide de laquelle, donnant à ces élémens une toute autre direction, ils parviendront même à triompher de l'union organique. Dans ce cas, si de semblables puissances agissent avec énergie ou d'une manière prolongée, elles peuvent finir par éteindre complètement la force organique. et décomposer l'être végétal lui-même, localement si elles bornent leur attaque à quelques-unes de ses parties, ou complètement si elles s'étendent sur tout l'organisme.

CHAPITRE VII.

Considérations analogues sur la vie animale.

---

§. 112. — L'AIR et l'eau sont pour la vie des animaux, ainsi que pour celle des plantes, d'une nécessité absolue ; et l'aide du calorique ne leur est pas moins indispensable pour l'assimilation de la matière. Cependant, comme la plupart d'entre eux, engendrent un degré de chaleur assez considérable dans leur propre organisme ; ils exigent par cela même, moins impérieusement que les végétaux, l'influence du soleil et de la lumière. En ayant toutefois égard à cette considération, que toute la chaleur de notre planète a sa source dans l'irradiation solaire ; la vie des uns et des autres doit dépendre de cette influence, mais d'une manière moins évidente chez les animaux. Nous sommes donc forcés de considérer aussi pour eux, le calorique comme une des premières causes de la vie.

§. 113. — Les végétaux, en détruisant la combinaison chimique des élémens qui constituent l'eau et l'acide carbonique, s'assimilent particulièrement l'hydrogène et le carbone, et rejettent au-dehors à l'aide des rayons solaires, la plus grande portion de leur oxygène. Les animaux paraissent, en vertu de leur organisation, décomposer et élaborer l'eau également ; mais s'assimilent-ils l'hydrogène seulement, ou bien les deux élémens à la fois ? question d'autant plus difficile à résoudre, que nous ignorons, de quelle manière et par quelle voie ils se débarasseraient de l'oxygène. On doit espérer, néanmoins, que des expériences entreprises quelque jour dans ce but, répandront plus de lumière sur ces matières.

§. 114. — Comme la nourriture des animaux et celle des plantes diffèrent complètement entr'elles, leurs rapports avec la force organique, leur mode d'élaboration et leur assimilation doivent différer également. L'eau et l'acide carbonique suffisent aux végétaux : ils ne s'approprient aucun des êtres dont le règne animal fait, indépendamment de ces deux corps, le soutien de son existence. Les affinités étant donc, en grande partie, détruites dans les élémens qui constituent ces produits de l'organisme, et les combinaisons chimiques s'y étant métamorphosées en liens organiques; il en résulte que les forces assimilatrices ont bien moins d'affinités, mais beaucoup plus de forces organiques à combattre. L'économie des animaux est telle que tous les procédés préparatoires de la digestion sont destinés à anéantir dans leurs alimens, aussi complètement que possible, la texture organique. C'est alors seulement que l'assimilation elle-même achève de rompre la cohésion préexistante dans le corps alimentaire, et donne aux élémens de la matière viable, une forme nouvelle, ainsi que la structure particulière à chaque organisme.

§. 115. — Les forces de la vie, c'est-à-dire, celles qui constituent la vie végétale, sont du côté de la matière assimilée, la viabilité et les affinités, et de la part de l'*individu* vivant, la force organique. Il convient encore de leur joindre l'influence du calorique et de la lumière ou l'irradiation solaire. (§. 104, 107.) Parmi ces différentes puissances, la force organique et les affinités se combattant directement et de front, doivent en résultat se constituer dans une sorte d'équilibre, d'où dépend, en

général, l'union de la matière végétale, et en particulier, la forme spéciale de l'organisme. On peut
donc admettre comme constant, que dans toute
matière végétale qui n'a pas encore entièrement
perdu son union organique, ces deux espèces de
forces doivent persister en partie et se balancer
mutuellement. La force *zoo-organique*, appelée à
assimiler une semblable matière, à en détruire et
à en dénaturer complètement le mode d'existence,
doit ainsi opérer contre les derniers restes des
forces chimiques et végéto-organiques. Cette nouvelle puissance agissant contre les deux autres,
les détruit et métamorphose plus ou moins leur
ouvrage, mais finit toujours par se mettre avec
elles dans un nouvel équilibre. Sous ce point de
vue, la combinaison qui a lieu dans la matière
végétale, peut être considérée comme *organico-
chimique*; de même que celle qui se rencontre
dans la matière animale, doit être envisagée comme
le résultat du concours commun, et d'un certain
équilibre des forces animales et *végéto-chimiques*.
Et comme dans les parties végétales, les affinités
ne sont pas toutes également détruites, les animaux
qui se nourrissent de plantes auront aussi, tantôt

plus tantôt moins, d'affinités à combattre. D'un autre côté, la force zoo-organique se mettant elle-même en équilibre avec les forces végéto-chimiques, et ne les détruisant, le plus ordinairement, que d'une manière très-partielle ; les forces chimiques devront se conserver, au moins en partie, jusque dans les animaux ; bien plus énergiques, il est vrai, dans ceux qui se nourrissent de végétaux, infiniment moindres chez ceux qui font leur aliment des sub-stances animales elles-mêmes. Si, maintenant, on considère la masse entière des êtres organisés, on verra que les forces chimiques se rencontrent chez tous en général, mais à des degrés très-différens dans leurs différentes espèces ; tellement qu'il peut se trouver certains êtres organiques, les végétaux par exemple, où elles soient presqu'à nud et à peine comprimées ; tandis que chez d'autres sur-tout animaux, elles puissent à peine être comp-tées pour quelque chose. En d'autres termes, les forces organiques combattant, dans tout le monde vivant, contre les affinités, altèrent et changent perpétuellement les produits chimiques de la ma-tière viable. Celle-ci se soustrait par ce moyen et graduellement aux lois de l'affinité, et s'en dégage proportionnellement aux progrès qu'elle fait à chaque instant dans l'organisme.

§. 116. — Cette remarque s'applique également aux forces végéto-organiques. Les combinaisons végétales étant détruites, seulement en partie, par les forces zoo-organiques et mises en équilibre avec elles ; on ne peut s'empêcher de reconnaître que les premières doivent persister et se conserver dans les animaux, au moins en partie et pour un temps quelconque. Ou plutot, l'élaboration et l'union organique des élémens viables qui constituent le végétal, ne sont pas détruites, mais seulement retravaillées et perfectionnées par l'animal qui en fait sa nourriture. D'où il résulte, que la matière de ce même animal peut changer dans ses combinaisons, eu égard à la nature des alimens dont il fait usage. C'est ce que nous atteste l'expérience journalière relativement aux animaux domestiques et sauvages, dont la forme, les mœurs, le goût, la tendreté, l'odeur, varient selon la différence des substances dont ils s'alimentent. Le choix des alimens ne peut donc être, dans aucun cas, une chose indifférente pour nous-mêmes ; et ce n'est pas sans raison, que de grands législateurs n'ont pas dédaigné de donner à leurs peuples des préceptes sur le genre de vie et la nature des alimens dont ils devaient faire usage.

§. 117. — Les animaux et les végétaux diffèrent ou se rapprochent, plus ou moins, les uns des autres, quant à leur forme, leur composition et leur union organique. D'où il résulte que, plus la structure et la cohésion d'un être quelconque devient analogue à celle d'un second, auquel il doit servir de nourriture; plus aisément aussi lui sera-t-il assimilé par les fonctions organiques. Ayant égard à la seule facilité du changement, la chose ne peut être autrement. Ainsi l'on peut poser en principes que, chez les animaux, *la promptitude et la facilité d'assimilation de la matière organique, est en raison directe du rapprochement de sa forme avec celle dont elle doit se revêtir*. Mais, d'un autre côté, plus la matière a parcouru de chemin dans l'organisme, et plus aussi elle a perdu de sa viabilité, considérée dans ses rapports avec le grand tout organique (§. 57). Il s'ensuit donc également que *la facilité et la rapidité d'assimilation de la matière organique seront aussi. en raison directe de la perte de sa viabilité relative.*

Chaque introduction de matière viable, répondant à une perte de la même matière, et chaque assimilation correspondant à une désassimilation proportionnelle (§. 65); les décompositions organiques et toutes les excrétions qui en dépendent, seront, toutes circonstances égales d'ailleurs, *en raison inverse de la viabilité de la matière introduite*. La matière qui aura le plus perdu de sa viabilité, sera donc la plus susceptible d'entretenir et d'accroître toutes les excrétions dans l'économie animale; tandis que la matière la plus viable produira des résultats tous contraires. Ainsi, plus la cohésion organique des êtres dont nous nous alimentons, est analogue à la nôtre; ou, ce qui revient au même, plus la matière organique que nous avons absorbé a perdu de viabilité; et plus facilement et plus promptement aussi nous pourrons la digérer, la convertir en sang et l'assimiler à nous-mêmes : mais aussi plus, dans le même rapport, nous désorganisons et nous perdons de notre propre substance par les diverses excrétions. Les animaux qui se nourrissent de la chair d'autres être analogues à eux-mêmes, se renouvellent donc plus aisément que ceux qui vivent de végétaux. Ou ce qui est la même chose, la matière viable, provenant des animaux, parcourt plus rapidement le cours de la circulation organique que celle qui est fournie par les végétaux.

§. 118. — Or, comme la vie physique consiste dans une organisation continuelle de la matière viable nouvellement introduite, et en une désorganisation correspondante et proportionelle de la matière organisée (§. 65) : la vie doit donc être en rapport direct de ces deux fonctions, beaucoup plus rapide chez les animaux qui se nourrissent de chairs, que chez ceux qui n'ont pour alimens que les végétaux. Pour exprimer plus clairement cette loi, et la généraliser pour tous les êtres vivans, nous dirons : *la rapidité du cercle vital de chaque être organique, est en raison inverse de la viabilité de la matière organique qui lui sert de nourriture.*

§. 119. — Si nous recherchons quelles sont les forces de la vie chez les animaux ; nous verrons qu'elles doivent évidemment être les mêmes que celles de la vie végétale, en y ajoutant toutefois la force organique qui leur est particulière. C'est-à-dire, la vitalité de la matière existant également chez les uns et les autres, sera beaucoup plus élevée chez les animaux, et caractérisée par la force particulière à chacune de leurs espèces. Ayant, *d'abord* égard à l'air et à l'eau, substances indispensables au maintien de leur vie, et qui n'offrent que leurs seules affinités à combattre ; considérant également qu'une partie des affinités se conservent encore dans les matières, tant végétales qu'animales, dont se nourrissent les animaux ; nous ne pouvons nous empêcher de compter l'affinité parmi les forces qui contribuent à la vie animale. *Secondement :* ces matériaux organiques ont une union qui leur est propre et qu'ils transportent avec eux dans le corps animal, dont la force individuelle doit la transformer en celle qui lui est particulière. Il doit s'ensuivre dans l'économie, une lutte qui ne cessera qu'au rétablissement de l'équilibre entre la matière assimilante et assimilée. Il est donc juste de considérer aussi ces forces comme une des causes actives ou une des puissances de la vie. Le calorique est également d'une nécessité absolue pour toute la création vivante. La vie animale est donc plus compliquée que celle des plantes, et d'autant plus qu'elle consomme pour son entretien une plus grande quantité d'espèces organiques.

§. 120 — Nous avons déjà dit que les animaux produisant eux-mêmes un degré de chaleur assez considérable, sont bien moins que les végétaux, subordonnés à l'influence de la température extérieure. Nous examinerons ailleurs de quelle manière ils le produisent, et jusqu'à quel point ils dépendent du calorique ambiant. Nous savons, en outre (§. 76, 77), que tout individu vivant nécessite, pour l'assimilation ainsi que pour les excrétions, un degré de chaleur indispensable à ses fonctions organiques et chimiques. Ces fonctions, avons nous dit plus haut, ne peuvent s'arrêter ni l'une ni l'autre, ne fut-ce que pour un temps très-limité, sans l'extinction irrémédiable de la vie. Il s'ensuit donc, que la suspension totale de la calorification, quelque briève qu'on la suppose, doit terminer à l'instant et pour toujours l'existence individuelle. Mais si cette opération (*processus calorificus*) se rallentit seulement jusqu'à un certain point ; l'assimilation et toutes les excrétions doivent diminuer dans le même rapport. Que, dans ce cas, la quantité des alimens et des boissons, loin de devenir moindre, soit encore accrue ; alors l'animal se gorgeant de matières à demi-assimilées et faiblement douées des caractères de l'animalisation , tombera dans la polysarcie ou la surabondance de graisse, circonstance qui nous occupera ailleurs d'une manière plus étendue et plus particulière.

§. 121. — Si au contraire, la calorification devient trop énergique, l'assimilation et les excrétions animales, s'exaltent notablement et finissent par prédominer (§. 82). Lorsqu'elle devient excessive, elle épuise de plus en plus l'être vivant, et l'entraîne à sa consomption et à sa ruine. Ainsi de même que l'obésité dénote une calorification trop faible ; de même aussi le marasme, toutes choses égales d'ailleurs, annonce dans cette fonction un excès d'énergie. C'est donc de son entretien et de sa suffisance que dépend à chaque instant l'état de la vie chez les animaux.

§. 122. — L'assimilation animale étant tenue à changer et à métamorphoser le mode de cohésion antérieur de la matière organique , il peut se faire que les combinaisons, soit chimiques, soit organiques de la matière introduite, aient un degré de force assez considérable pour lui permettre de se jouer des puissances assimilatrices. Une pareille substance ne pourra donc pas être assimilée : mais détournant sur elle une portion des forces organiques, elle doit affaiblir d'autant les autres fonctions organiques, et par là devenir dangereuse à l'économie. Les animaux se nourrissant de végétaux ou d'autres animaux mêmes, c'est donc des uns ou des autres qu'ils peuvent éprouver cette résistance. Dans tous les cas ; ou ce corps nuisible se bornera à ne pas permettre son assimilation, et à séjourner seulement jusqu'à ce qu'il soit expulsé hors du système : ou développant une puissance opposée aux forces assimilatrices, il décomposera et désorganisera une plus ou moins grande portion de matière ; ou bien enfin, détruisant la force organique dans l'individu vivant, il suspendra par cela même les fonctions organiques, et anéantira ainsi la vie. Nous désignerons désormais tous les corps de cette espèce sous le nom de *forces* ou de *puissances organiques nuisibles,* parce qu'elles sont essentiellement pernicieuses pour l'économie animale.

§. 123. — Si ces puissances végétales sont trop

2.1.

faibles pour pouvoir décomposer la matière animale, et se bornent à résister à tous les efforts de
l'assimilation; dès-lors, tant qu'elles ne seront pas
expulsées de l'économie, elles n'y produiront d'autres désordres que d'attirer inutilement sur elles,
une partie des forces assimilatrices, et d'affaiblir
par là, plus ou moins, les fonctions organiques.
Mais si la matière qui les constitue, conserve toute
la force organique qui lui est propre; dans ce cas,
cette force n'agira pas seulement en s'opposant à
l'assimilation animale, mais pourra quelquefois
l'emporter sur elle, et conséquemment la diminuer,
la suspendre, ou même l'anéantir entiérement. De
telles puissances seront ainsi capables d'affaiblir et
de supprimer même totalement les fonctions organiques, et deviendront de véritables poisons pour
les animaux sur lesquels ils produiront de semblables effets. Mais quoique l'action commune de tous
ces poisons se borne à attaquer directement et à
débiliter plus ou moins la force organique; celle
qu'ils possèdent eux-mêmes, et en vertu de laquelle
ils opèrent ces résultats nuisibles étant particulière
à chacun d'eux; il en résulte que le mode d'em-
poisonnement et les phénomènes qu'ils manifestent

varieront aussi dans chacune de leurs espèces, Indépendamment de cela, la cohésion organique des
plantes dépendant encore, en grande partie, des
affinités ; il peut arriver que celles-ci trouvent
le moyen de se montrer entre la matière végétale ingérée, et animale ingérante, d'une manière
assez énergique, pour en attaquer ouvertement et
en détruire les liens organiques. Ainsi les poisons
végétaux pourront être de nature à affaiblir les
forces organiques, et à diminuer leurs fonctions
jusqu'à leur entier anéantissement ; ou bien moins
puissans contre la force organique, ils se bornent
à détruire son ouvrage, c'est-à-dire le lien de la
matière animale ; ou enfin ils exerceront, jusqu'à
un certain point sur elle, les deux actions à la fois.

§. 124. — Qu'ils attaquent la force organique
avec ou sans succès ; qu'ils triomphent plus ou
moins de l'organisation ; tous ces poisons, s'ils ne
sont pas assez énergiques pour vaincre entiérement
la force assimilatrice et anéantir ainsi le cours
de la vie, doivent être enfin rejettés ou assimilés.
C'est pour cela que les poisons de ce genre, les
plus redoutables mêmes, s'ils ont d'abord été sensiblement affaiblis, étendus d'eau ou introduits

à de très-petites doses dans l'estomac, bien qu'ils puissent encore attaquer assez violemment la force organique et changer sa direction, ne seront plus des poisons. En un mot, ce n'est qu'à certains égards et dans certaines circonstances déterminées, qu'ils seront capables de développer des résultats vénéneux. En effet, c'est à cette classe de végétaux à laquelle nous sommes redevables de presque tous nos médicamens héroïques, et le poison le plus actif dans un cas, devient dans le second le plus souverain remède.

§. 125. — Les substances animales vénéneuses vont quelquefois plus loin : non seulement elles peuvent résister à toute espèce d'assimilation et produire les effets nuisibles que nous avons déjà exposés ; mais il s'en trouve qui, susceptibles de conserver la force organique dont elles sont l'ouvrage, agissent même avec elle, et attaquent de front celle de l'animal vivant. Une telle matière ne se borne pas simplement à s'opposer à la force assimilatrice ; elle aspire encore à la surmonter et à lui arracher plus ou moins de matière pour la décomposer et l'investir d'une existence analogue à la sienne. Si cette action pernicieuse s'étend sur tout le système, elle peut y détruire à la fois toute la force organique et conséquemment la vie individuelle. Mais si cette substance étrangère circonscrit à un lien seul sa puissance assimilatrice ; elle s'y maintient nécessairement, s'y multiplie et détruit la partie du corps sur laquelle elle exerce son empire et qu'elle-même s'assimile.

§. 126. — Une pareille action de la matière nuisible, se passant sur un système organisé et dans un corps vivant ; cette portion attaquée doit opposer toutes ses forces à cette agression, et c'est en proportion de cette résistance qu'elle parvient à anéantir la partie pernicieuse de la force assimilatrice, et à décomposer l'autre partie étrangère à son économie. D'où il résulte évidemment, que plus la force individuelle aura d'énergie, et moins la substance introduite aura de moyen de se propager par sa vertu assimilatrice ; plus la force organique la surmonte, et moins elle lui laissera envahir de son propre domaine. Si au contraire, la résistance individuelle est trop faible, le poison se multiplie, se propage avec rapidité, asservit toute l'économie, et finit par dévorer la machine animale. Telle est l'action de tous les poisons ani-

maux, connus sous le nom particulier de contagions.

§. 127. — Il s'établit donc, entre la puissance
assimilatrice du contagieux et la force organique,
une lutte réciproque, dans laquelle l'une des deux
doit inévitablement prévaloir. Si la force organique
succombe, elle entraîne avec elle la perte de l'existence individuelle. Si au contraire, elle sort victo-
rieuse de ce combat avec la puissance contagieuse,
elle suspend ses progrès ultérieurs, se l'assimile
elle-même, ou l'élimine de son propre système. Dès
qu'une fois elle est ainsi parvenue à prendre le
dessus, elle résiste avec succès contre tous les
efforts successifs de la contagion, et se préserve
pour toujours de sa puissance assimilatrice. On ne
doit donc pas s'étonner de ce que les maladies
contagieuses qui peuvent exercer leur assimilation
sur les êtres vivans, n'atteignent communément
qu'une seule fois le même individu, et se ferment
elles-mêmes la route à une invasion future. Nous
en traiterons ailleurs d'une façon beaucoup plus
étendue.

§. 128. — Mais puisque tous les genres et toutes
les espèces jouissent d'une force organique qui leur

est propre, et que chaque individu, chacune de ses parties en possède également une qui lui est particulière, et qui n'est qu'une portion de la force individuelle commune; les poisons, les venins, les contagions peuvent donc, *en premier lieu,* nuire seulement à certains genres et à certaines espèces. *Secondement,* il peut exister des poisons qui soient susceptibles d'être vaincus et assimilés par tous les organes d'un individu donné, ou qui du moins soient incapables de produire chez lui des effets sensiblement nuisibles, à l'exception d'une ou de quelques-unes de leurs parties, où ils surmontent la force organique, montrent leur pernicieuse énergie, croissent et se multiplient, s'ils sont pourvus de la puissance assimilatrice. Cette assertion n'est que le résultat de l'expérience la plus journalière. Il est en effet des poisons, qui impunément introduits dans l'estomac, n'y opposent aucun obstacle à la force digestive; tandis qu'introduits par toute autre voie dans l'intérieur, pourvu seulement qu'ils puissent éviter l'action de l'estomac, ils attaquent et détruisent la machine entière. Tel est, par exemple, le vénin de la vipère; tel est aussi le virus rabieux, qui bien que livrant

un combat terrible à toute l'économie, ne peut
cependant se reproduire que dans les seules glandes salivaires.

§. 129. — Ainsi les poisons végétaux, comparés
aux virus animaux, agissent d'une manière tout-à-
fait différente. Cela vient principalement de ce que
les premiers ne peuvent s'assimiler la matière animale, et par conséquent se propager en elle. Tous
les deux ont, néanmoins, sous le rapport de leur
influence, une analogie notable qui consiste en ce
que; 1° leur action commune est délétère pour la
force organique et pour l'organisation ; 2° qu'eu
égard à la nature différente des animaux, de leurs
organes, les poisons ou sont tout-à-fait innocents et
d'une assimilation facile, ou produisent les résultats les plus funestes. De toutes ces considérations
en masse, nous tirons les conclusions suivantes.
En premier lieu, les corps inorganiques et qui ne
possèdent aucune des combinaisons particulières
à la matière viable, agissent tant sur les plantes
que sur les animaux, par des forces purement
chimiques ; c'est pourquoi nous leur donnerons
désormais le nom de *puissances chimiques nuisibles* (*potentiæ nocentes chemicæ*). A cette classe

appartiennent tous les corps minéraux et métalli-
ques, leurs oxides, les sels, les acides, les terres, les
alcalis, etc.; en un mot tous ceux qui, non viables,
ne comportent avec eux non plus aucune trace
d'organisme. *Secondement*, les substances végétales et animales qui conservent encore, en tout ou
en partie, leur structure ou leur combinaison organique, telles que les parties brisées ou seulement
extraites des plantes et des animaux, leurs sucs,
infusions, décoctions, extraits, teintures, huiles,
résines, gommes, fécule, gélatine, albumine, etc.,
ne se comportent jamais comme une matière simplement chimique, mais toujours d'une façon *mixte*.
Nous appellerons donc ces substances *puissances
chimico-organiques (potentiæ chemico-organicæ)*.
Ces matériaux en attaquant eux-mêmes la force organique, peuvent agir de manière à ce que, tantôt
leur affinité prédominant rendra presqu'inappré-
ciable leur action organique, tantôt leur affinité
étant presque nulle, ne laissera appercevoir que
leur seule action organique; tantôt enfin ces deux
puissances en équilibre, ou presqu'en équilibre,
se montreront et opéreront également d'une manière nuisible sur l'économie.

22.

CHAPITRE VIII.

De la reproduction des Êtres organiques.

———

§. 130. — LA force organique, une fois imprimée à la matière, lors de la création primitive du
monde vivant, ne peut être détruite par aucune
cause naturelle. La durée des êtres créés et de la
vie est donc assurée à jamais. Cependant, pour y
pourvoir d'une façon certaine, la puissance créatrice doit encore agir sans interruption, ou ce qui
revient au même, la vie et l'organisme ne peuvent
exister et se perpétuer que par une continuité d'action et d'organisation de la création primordiale.
Nous avons déjà apperçu cette grande vérité chez
les individus, dans lesquels l'organisation marche
sans relâche, et s'entretient par l'afflux constant
d'une matière toujours nouvelle; en sorte que leur
existence consiste essentiellement dans le changement perpétuel de la matière qui les constitue. Les
genres et les espèces qui composent toute la sphère

vivante, ont également leur origine dans la création primitive de l'organisme, et sont, comme lui, certains de leur conservation et de leur durée. Cette certitude doit être fondée sur l'entretien continuel de la force organique des genres et des espèces : mais cette force qui leur a donné l'existence et qui les maintient durant leur vie, ne doit elle-même sa persistance qu'à sa perpétuelle activité. Or, comme les genres et les espèces sont composés des individus, de même que ceux-ci le sont de matière viable ; les uns ne peuvent se conserver que par la formation continuelle de nouveaux individus, et les autres se maintenir que par l'organisation constante d'une nouvelle matière. Ainsi, de même que l'existence individuelle dépend d'un changement continuel de matière, de même aussi l'existence générique est subordonnée au renouvellement successif des individus ; l'une mettant ceux-ci dans la nécessité d'une relation constante entre eux et la matière viable, l'autre les enchaînant à l'espèce dont ils font partie. Chaque être est soumis au premier de ces liens par une impulsion individuelle, et y est conduit par son intérêt personnel : il est soumis au second par sa force générique, y agit au profit commun de son espèce ; et par l'accomplissement de ce double but, il travaille ainsi à l'intérêt général de la nature. L'existence de cette création organique cesserait donc toute entière, si les individus cessaient de se renouveller ; et ceux-ci finiraient également s'ils discontinuaient de changer de matière, tellement que la vie est une succession de changements perpétuels et inévitables.

§. 131. — Nous pouvons appeler *renouvellement*, le changement de matière dans les individus, et reproduction (*regeneratio*) le changement des individus eux-mêmes, dans leur genre et dans leur espèce. La nécessité des deux résulte évidemment de la nature même de la force organique, qui doit être dans un mouvement et une activité perpétuels. De cette même cause, s'ensuivait aussi le besoin des individus, de leur chûte et de leur reproduction, puisque c'est par ce seul moyen que la vie peut être exécutée et maintenue dans la matière. En un mot, l'existence générale de la création toute entière, étant liée à la reproduction, l'est également à la destruction des êtres vivans et doit tendre constamment à ce double but. L'intérêt individuel est donc, à cet égard, opposé à l'intérêt général. Ainsi pour assurer la durée des êtres organiques par la reproduction, et y inciter les individus eux-mêmes, il fallait de toute nécessité l'attacher aux genres et aux espèces, et si je puis m'exprimer ainsi, diviser en deux parties leur propre vie. La nature atteignit ce grand but, en formant les sexes, et en donnant par ce moyen à chaque créature isolée une existence double, c'est-à-dire générique et individuelle.

§. 132. — Mais de même que la vie individuelle consiste dans l'action continue de la force organique sur une matière chaque fois nouvelle ; de même aussi la vie générique doit dépendre de la formation successive et répétée de nouveaux individus. La tendance à se renouveller perpétuellement et à se pourvoir de matériaux propres à ce but, est une tendance purement individuelle. Mais celle qui marche à la reproduction appartient nécessairement au genre. Et puisque chaque individu est contenu dans son genre, il possède donc réellement une double vie, mi-individuelle et mi-générique. Ainsi divisés, tous les êtres vivans doivent donc vivre en même-temps d'une double manière.

C'est pour cela que l'acte de la reproduction, qui n'est pas une fonction individuelle mais générique, ne peut pas être rempli par un individu unisexé.

§. 133. — Nous avons vu plus haut (§. 28·), qu'autant de fois un nouvel être commence, autant de fois aussi la force organique a dû précéder, ne fut-ce que d'un moment, l'origine de cette vie nouvelle ; et qu'ainsi le début d'un individu quelconque n'est que le premier acte d'une force organique individuelle : la fonction générique qui résulte de la réunion des sexes, doit donc dépendre de la création d'une nouvelle force individuelle qui va animer un être nouveau et produire une vie particulière. Cette création étant produite par le concours des deux sexes renfermés dans la même espèce, la force nouvellement créée doit donc aussi appartenir à cette espèce. Mais comment se fait le développement de cette nouvelle force? Il est aussi impossible de le concevoir, et de la déterminer, qu'il l'est de comprendre ce qu'est la force organique elle-même, et quels ont été son mode d'action et son origine. C'est pourquoi non seulement cette opération, mais toutes les fonctions organiques, quant à la manière dont elles se passent, doivent demeurer pour nous des mystères à jamais impénétrables.

§. 134. — Mais de même que les animaux ne peuvent se nourrir d'une matière viable décomposée ; qu'ils ne s'assimilent que celle qui , par sa transmission dans les végétaux ou d'autres animaux, participe déjà plus ou moins de l'organisme ; et qu'enfin l'assimilation de cette matière leur est d'autant plus facile , que sa cohésion organique se rapproche davantage de celle qui va lui être conférée : de même que chaque matière à assimiler y doit être d'abord convenablement préparée : de même aussi la force individuelle ne peut être indistinctement introduite dans toute matière , mais seulement dans celle qui y a été rendue propre par un travail antérieur. Les organes de la génération paraissent , pour cette raison , destinés à la préparation et à la conservation de cette matière , dans laquelle l'action combinée des deux sexes , doit installer une nouvelle force organique. Le corps ainsi disposé à la reproduction , est l'œuf qui est particulier aux organes sexuels du genre féminin. Cette opinion est celle de la généralité des phisiologistes , qui attribuent en même-temps

à la semence du mâle la fécondation elle-même,
ou l'introduction dans cet œuf de la force individuelle.

§. 135. — Quoiqu'il en soit, il n'en est pas
moins constant que cette fonction générique n'a
lieu que d'une seule manière dans toute la création vivante, c'est-à-dire, par le contact de la
semence du mâle avec l'œuf; mais les moyens dont
la nature opère ce contact sont variés à l'infini.
Dans les plantes privées du mouvement volontaire,
et surtout de la faculté de se transporter d'un lieu
à un autre ou de locommotion, le même individu
renferme, le plus communément, les deux sexes
à la fois, ce qui constitue l'hermaphrodisme, c'est-
à-dire, une circonstance dans laquelle la séparation
des deux sexes n'est pas complète. Chez les
animaux, au contraire, ou chez le plus grand
nombre d'entr'eux, cette division est parfaite, et
chacun d'eux, mâle ou femelle, forme un individu
entiérement distinct quant à lui-même, et seulement la moitié d'un tout par rapport à son espèce.

§. 136. — Dès que partout où ce partage se
trouve complètement établi, chaque individu ne
possède qu'une portion, et non la totalité de la

force générique ; on conçoit aisément pourquoi la reproduction ne peut être, dans le sens le plus stricte, une fonction purement individuelle. Mais d'où dépend cette fonction qui a lieu par l'union des sexes ? Comment donne-t-elle naissance à un nouvel individu ? Les raisons générales que nous avons déjà énoncées, nous font assez présumer qu'elle doit être rangée parmi les phénomènes de la création que nous ne concevrons jamais. Cependant, il parait convenable, à cet égard, de nous attacher aux considérations suivantes. La force organique qui doit déterminer la forme et la vie du nouvel être, doit être le résultat commun du concours de ses deux auteurs ; parce qu'aucun individu de l'un ni de l'autre sexe, ne possède à lui seul la totalité de la force sexuelle, ne peut conséquemment la donner ni remplir complètement les fonctions génériques. Il paraît ainsi que l'œuf renferme seulement la matière propre à recevoir la première structure , et à être élaborée dans le nouvel être où commence la force organique, au moment même de la fonction générique, c'est-à-dire, à l'instant de la réunion des deux sexes. Ou bien, l'œuf ne contient que les alimens du

nouvel individu (si l'on peut dans ce cas em-
ployer ce terme) ; et la force qui doit auparavant
le produire et lui donner sa structure, qui doit en
un mot commencer sa vie, n'est mise en activité
qu'à l'époque de la fonction générique commune
aux deux individus, formant par leur réunion un
tout complet dans leur espèce.

§. 137. — De ce principe, que l'assimilation de
chaque espèce nécessite une matière propre et préparée à l'avance dans ce but, il est facile de concevoir pourquoi ce n'est que dans l'œuf que peut
commencer le nouvel individu ? Pourquoi étant le
résultat commun de la force assimilatrice de ses
deux auteurs, il doit être de cette espèce et non
d'un autre ? pourquoi il conserve la ressemblance
des deux ? pourquoi enfin deux individus d'un même
genre, mais appartenant à deux espèces différentes,
produisent un métis qui tient de l'un et l'autre à la
fois ? etc.

§. 138. — En partant des mêmes principes, on
concevra aisément pourquoi la copulation ne peut
avoir lieu entre des animaux de différens genres,
dont les forces organiques étant opposées entre
elles, doivent réagir l'une contre l'autre, détruire

réciproquement leur action, et ne laisser à l'œuf aucune force organique qui puisse résulter de ces efforts impuissans. Mais lors même qu'un pareil coït s'effectuant produirait une force organique nouvelle, et donnerait naissance à un être jusqu'alors inconnu ; un pareil monstre, ou serait condamné, par l'imperfection de son organisme, à n'avoir qu'une existence très-passagère, ou bien vivant et conformé de manière à prolonger sa vie, mais se trouvant isolé dans la création, seul dans son genre et dans son espèce, il n'aurait qu'une vie individuelle, ne saurait remplir de fonctions génériques, ni par cela même propager sa structure et son organisme. C'est ainsi que rien de contraire aux lois fondamentales et éternelles de la nature ne peut avoir de durée. Et puisque l'observation nous confirme que de tels écarts ne réussissent jamais, et que si parfois ils se présentent, ils ne peuvent se perpétuer ni se reproduire ; nous devons par conséquent aussi reconnaître l'immuabilité de l'ordre établi et la vérité d'une doctrine qui, prenant pour base la permanence de la force créatrice, ne peut supposer aucune aberration contraire à l'organisation primordiale de la nature.

§. 139. — Si nous recourrons à l'expérience,
nous sommes convaincus que c'est dans les fluides, par eux ou par leur entremise, qu'ont lieu
tous les genres d'assimilation chez les animaux :
c'est même en eux que réside la plus grande portion de leur force assimilatrice. Ainsi la digestion
des alimens s'opère à l'aide du suc gastrique ; leur
élaboration ultérieure tient à la bile et aux sucs
pancréatique et intestinaux. Le sang s'assimile
insensiblement le chyle, et est ensuite changé lui-
même en d'autres liqueurs, en tout ou en partie.
L'expérience nous apprend encore également,
qu'une telle force assimilatrice subsiste et se conserve long-temps dans ces fluides, et au-delà même
des limites de l'organisme vivant qui l'a produite.
La nature paraît avoir suivi une marche uniforme
pour la fécondation, en donnant à l'œuf la force
organique, par la semence qui est aussi un fluide.
En parlant de la semence, tous les physiologistes
accordent uniquement cette puissance à celle du
mâle, puisqu'on doute de l'existence d'une semence femelle, et qu'on ne connait pas même
quels pourraient en être les organes sécréteurs. Si
donc l'origine d'un nouvel individu s'effectue de la

même façon que toute autre assimilation organique, on devrait également attribuer tout ce travail à **la** semence, qui, à l'instant de la copulation, parvient à l'œuf et y demeure. Aussi l'œuf n'est-il fécondé que lorsqu'il est en contact avec la semence et qu'il en admet quelques parcelles dans son intérieur. Cette molécule de semence pouvant agir sur une matière convenablement préparée et possédant un degré nécessaire de viabilité, doit, si les autres conditions requises sont remplies, produire une action et se mettre en équilibre avec les forces propres à cette matière. C'est ainsi que commence la vie du nouvel être, produit de la force organique de la semence masculine et de la viabilité de la matière contenue dans l'œuf féminin.

§. 140. — S'il en est ainsi; la fécondation de l'œuf et le commencement d'un nouvel *individu* dans cet œuf lui-même, ne dépendent donc pas, comme on le croyait assez généralement, du réveil d'un être déjà formé lors de la création primitive des êtres, mais bien de l'intromission dans cet œuf d'un fluide susceptible de féconder la matière, et de l'établissement par ce procédé même, d'une force nouvelle qui, sous des circonstances favorables d'ailleurs, commence à agir, à créer et à organiser un nouvel être. L'observation journalière peut nous convaincre que tout se passe de cette manière. Jamais on n'a vu dans l'œuf infécond, autre chose qu'un fluide particulier, mais nulle part rien qui annonçât les rudimens d'une organisation prochaine. Voilà pourquoi, aussitôt après la copulation, la même matière renfermée dans l'œuf se convertit insensiblement en une production nouvelle. Là aussi, quand la vie a une fois commencé son cours, elle ne peut plus cesser d'agir un seul instant, sous peine d'extinction entière. Cependant, dans les œufs fécondés, la vie peut souvent se conserver, pendant un temps assez long, obscure et pour ainsi dire cachée. Dans cet état, ils se laissent transporter d'un pôle à l'autre sans perdre leur puissance acquise : ce qui nous apprend seulement que la semence admise dans l'œuf peut y séjourner un certain espâce de temps indolente et inactive, jusqu'à ce que d'autres circonstances nécessaires se soient réunies pour exciter son activité. Mais une fois que ces conditions sont remplies et qu'elles ont commencé le cours de la vie individuelle, celle-ci ne peut plus être suspendue sans la perte de l'individu lui-même.

§. 141. — Il résulte de ces principes : que c'est la parcelle de matière quelle qu'elle soit, où se trouve la force générique toute entière, qui peut seule se reproduire et propager son espèce : telle est la cause qui fait que les individus hermaphrodites se suffisent à eux-mêmes dans l'œuvre reproductif. C'est ce qui arrive aussi aux végétaux qui se multiplient par leurs bourgeons et leurs rameaux. L'observation de ce genre de propagation, la plus simple et la plus évidente de toutes, peut nous fournir la meilleure idée de ce bel acte de la nature. Arrêtons-y un instant nos regards.

§. 142. — Nous voyons tous les jours qu'une branche séparée de son tronc, ou bien insérée sur une autre tige, loin de cesser pour cela de vivre, croît, devient un arbre semblable à celui dont elle a été extraite, et vit désormais d'une vie qui lui est particulière. Les branches de celui-ci peuvent par le même procédé, végéter isolément et devenir, à leur tour, autant de nouveaux arbres, dont les rameaux pourront offrir à l'infini les mêmes résultats. La souche qui a fourni le premier, ne perdra pour cela ni sa vie ni son accroissement ultérieur :

ces branches devenues des troncs, peuvent ainsi donner naissance à de nouvelles boutures, et les espèces se multiplier et se reproduire indéfiniment par les mêmes moyens. Mais dès que la vie des individus est limitée, la tige mère, toutes circonstances égales d'ailleurs, doit périr la première, et après elle, successivement et sans exception, toutes les autres dans l'ordre de leur naissance. Ainsi donc d'un côté, les individus commencent et se multiplient, et de l'autre tombent et se détruisent dans d'égales proportions.

§. 143. — Mais comme la première bouture appartient, dans une acception rigoureuse, au tronc dont elle sort, et en est réellement une partie ; l'arbre qui en provient et tous ceux qui en naîtront devront être aussi considérés, si je puis m'exprimer ainsi, comme des parties du prolongement, une continuation enfin de la première tige. Dans ce sens, tous les individus successivement engendrés, étaient réellement contenus dans leur premier auteur. Ce n'est qu'à leur séparation à laquelle ils doivent leur multiplication et leur accroissement. La force organique générique se propage donc successivement d'une portion de matière dans un autre, et assure ainsi par cette transmission non interrompue la durée de l'existence de son espèce.

§. 144. — Si donc, dans la multiplication des arbres, que nous avons pris pour exemple, c'est d'un individu seul qu'une série de générations tire son origine ; il faut absolument reconnaître que toute cette lignée doit son existence à l'extension et au développement de ce premier individu ; que ce tronc unique contenait tous les membres de cette famille, comme ils renferment eux-mêmes tous leurs successeurs ; et qu'enfin la force générique est depuis la création toujours la même, dure jusqu'ici et continuera à jamais. Chaque espèce peut donc être considérée en sa totalité comme un seul *individu*, divisé par la multiplication, en plus ou moins de parties isolées.

§. 145. — La propagation et la multiplication des végétaux par une graine, et celle des animaux par un œuf, sont parfaitement analogues à celle dont nous venons de parler. Dans l'un et l'autre cas, en effet, on voit s'isoler de l'être organique vivant, une partie entièrement investie d'une force individuelle susceptible de se déployer dans des circonstances favorables, et qui s'environne des puissances vivifiantes qui lui sont préparées. Dans les animaux parfaits, cette force organique ne se trouve complètement dans aucune autre de ses parties que dans l'œuf fécondé : chez quelques plantes, elle n'existe non plus que dans la graine, et ces végétaux n'ont pas d'autres voies de reproduction et de multiplication de leur espèce. Cependant, dans le plus grand nombre, cette force se trouve et dans le fruit, et dans les bourgeons qui, par leur développement ultérieur, peuvent produire des branches, des feuilles, des fleurs, des semences, et par cela même dans les branches qui sont de toutes parts terminées par des bourgeons. La raison de cette différence entre les animaux et les plantes est produite par l'organisation beaucoup plus compliquée des premiers, et d'une simplicité presque uniforme dans les autres. En effet, le tissu organique de la branche est tellement analogue à celui de la tige, qu'il ne s'en distingue que par l'âge, tout comme dans les animaux l'âge seul différencie la progéniture de ses auteurs.

§. 146. — Nous regardons comme individu isolé, une portion de matière organisée qui peut

être immédiatement vivifiée par les corps environnans extérieurs. Ainsi dans le premier exemple,
le rameau, tant qu'il appartenait à sa tige, en tirait
sa substance nourricière et ne pouvait être envisagé que comme une partie de l'arbre lui-même.
Les fruits et les graines font également partie de
la plante à laquelle ils appartiennent et lui doivent
leur aliment et leur développement. Il en est de
même des œufs, quant à l'animal qui les porte et
d'où ils tirent leur origine. Mais dès que les uns
et les autres ont été fécondés et sont parvenus à
un certain degré de maturité, ils sont en état de
recevoir eux-mêmes immédiatement les influences
extérieures. Dès lors ils se séparent, si je puis
m'exprimer ainsi, de leurs tiges communes, et
commencent une vie et une existence individuelle.
Mais puisque la vie individuelle (§. 65) consiste
dans une organisation constante de la matière nouvellement introduite et dans la désorganisation proportionnelle de celle qui constitue l'être lui-même;
puisque la matière vivifiante est elle-même viable
et se métamorphose en l'être qu'elle vivifie (§. 52);
cette capacité de l'œuf et de la graine à recevoir les
influences extérieures n'est donc autre chose que la

faculté d'assimiler et d'organiser la matière viable. La fécondation de l'œuf et de la graine n'est donc que l'acte qui leur confère ce pouvoir. Ainsi tous les êtres organiques se renouvellent, se propagent et se multiplient par la formation de parties dans lesquelles se trouve une force assimilatrice analogue à l'espèce, et qui peuvent par cela même être entiérement séparées de l'individu qui leur a donné naissance, assimiler et vivre à leur tour d'une façon isolée.

CHAPITRE IX.

Cours de la vie des êtres organiques, accroissement, maturité, déclin et destruction.

§. 147. — Nous savons déjà que les corps organiques en général, ne peuvent exister ni se former que d'élémens viables ; et que par cela même ils sont assujettis à de certaines conditions, qui en limitent à la fois la propagation et la multitude. Ou cette matière viable se trouve enchaînée dans des liens organiques, ou bien elle est complètement désorganisée et soumise aux lois physiques et chimiques. Dans ce dernier cas, la plus grande partie ne pouvant être consommée par les animaux serait perdue pour eux à jamais si les plantes n'avaient eu le pouvoir de la digérer et de la changer en leur propre substance : d'où nous avons conclu, qu'elles sont une condition indispensable à l'existence et à l'entretien des animaux, et par conséquent au maintien de la vie dans la matière viable en général. En comparant sous ce rapport les deux règnes entr'eux, on peut dire que l'un prépare, modifie et élabore pour l'autre la matière viable; en sorte que l'organisation et l'assimilation, telles qu'elles ont lieu chez les animaux, ont été déjà commencées par les végétaux; et ne sont ensuite que continuées, perfectionnées et achevées dans le règne animal. Les plantes sont donc, dans le système général de la nature vivante, liées aux animaux, comme autant d'ouvriers qui leur apprêtent les matériaux nécessaires à l'entretien de leur être et de leur vie. Relativement à la matière viable, elles sont la porte de l'organisation et le premier degré de l'échelle d'élaboration que cette matière doit parcourir dans la vie organique.

§. 148. — Il est des végétaux qui ne peuvent se nourrir qu'aux dépens d'autres végétaux, d'espèces même déterminées; il est aussi des animaux qui ne s'alimentent que de seuls animaux; il en est même qui ne peuvent vivre de végétaux : il faut nécessairement en conclure que les animaux dont ils se repaissent ont élaboré et préparé ainsi pour eux la matière végétale; et que l'existence des seconds est une des conditions absolues de l'existence des premiers. Si donc il se trouve des plantes qui ne vivent et n'existent qu'aux frais d'autres plantes, s'il est des animaux qui ne vivent que de plantes, d'autres seulement d'animaux, et d'autres enfin des deux à la fois ; on doit reconnaître que dans l'économie générale de la création vivante, il existe une progression perpétuelle d'organisation d'une matière unique et identique, une série de changemens successifs de la même matière ; que son existence sous chacune de ses formes est purement transitoire, mais que ces formes elles-mêmes ne sont permanentes et durables que parce qu'une matière nouvelle vient sans cesse remplacer la matière qui s'en échappe, et en prend la structure : qu'ainsi, *la vie dans la matière viable, en général, est un changement perpétuel de formes, et dans une forme donnée, un changement perpétuel de matière.*

§. 149. — Toute la portion vivante de notre globe peut donc être envisagée comme un *tout organique*, dont les genres et les espèces sont les différens membres, mais tellement liés entre eux, que les uns sont indispensables à l'existence des autres ; qu'ils se prêtent un secours réciproque, se préparent mutuellement leur subsistance et se transmettent pour ainsi dire leur propre vie. Chez les uns, elle n'est qu'une continuation et un perfectionnement de la première : et la matière viable, en parcourant successivement tous ces échelons différens, et circulant ainsi de métamorphose en métamorphose, produit les phénomènes de la vie générale. Sous ce point de vue, la formation d'un être organique n'est qu'un passage, un prélude à la formation d'un autre, et la vie du grand tout ne sera pas seulement une fonction continuelle, mais encore un changement non-interrompu de parties en d'autres parties.

§. 150. — Dans cette circulation universelle et constante de la matière viable, la formation des membres organiques s'enchaîne par un ordre déterminé et régulier. L'existence d'un successeur quelconque suppose indispensablement celle d'un prédécesseur, et ainsi de proche en proche jusqu'au premier de tous : tellement que si toutes les races organiques pouvaient être entièrement détruites et avaient à recommencer la vie, il faudrait de toute nécessité, qu'elles reparussent dans un ordre déterminé, en commençant par les premiers anneaux

de cette chaîne immense et en s'avançant de proche
en proche jusqu'aux derniers. La matière rendue à
l'état informe en provenant de ceux-ci, retourne-
rait alors aux premiers, pour reprendre sans interruption le cercle que nous venons de décrire : telle
est la constitution du monde organisé en général.

§. 151. — Ce qui a lieu dans la machine immense du monde vivant, se répète avec autant
d'ordre, et obéit aux mêmes lois dans les êtres
isolés qui le composent. C'est alors même que ces
divers phénomènes frappent plus fortement nos
sens, et nous étonnent bien davantage, parce que
notre faible intelligence est plus susceptible de saisir les détails, que d'embrasser l'harmonie de tout
l'univers. Le végétal, l'animal, l'homme, commencent tous par une goutte de liquide, et par un atôme
de matière. C'est là, dans cette parcelle de substance viable que le cours de la vie une fois ébau-
ché, suit sa marche régulière, élaborant toujours,
travaillant et perfectionnant sans cesse de nouveaux
sucs et de nouveaux organes, jusqu'à ce qu'enfin
il parvienne au dernier terme de sa perfection et
de son accroissement. Alors, ne pouvant plus ou
presque plus s'étendre dans sa propre sphère, il

retourne insensiblement à son origine, et s'efforce de reprendre la forme imperceptible et atômique de laquelle il a pris naissance.

§. 152. — Dans l'œuf fécondé qui ne contient aucun appareil organique préformé, mais seulement la force individuelle insérée dans une matière. convenablement préparée et élaborée, la chaleur libre est d'abord nécessaire pour exciter et pour entretenir les premiers actes de cette force. Cet éveil une fois donné, le cours de la vie commence, et dès-lors la matière contenue dans l'œuf s'élabore. Est-elle élaborée, une matière nouvelle doit affluer sans cesse, afin que le mouvement de permutation qui constitue la vie individuelle ne s'arrête pas un seul instant. La formation des différentes liqueurs, des parties et des organes, se manifeste dans une succession régulière, procède avec ordre ; et dans ce bel enchaînement, chaque fonction organique prête son secours à celle qui la suit et prépare ainsi son action ultérieure. La matière élaborée dans un organe et imbue de cette première vie est transmise à une autre qui l'élabore à sa manière et l'envoye plus loin à son tour. Cette succession a lieu, jusqu'à ce qu'enfin la matière viable ait perdu toute sa viabilité pour le système qui la contient et soit expulsée hors de sa périphérie. La vie individuelle est donc pour la matière comme la vie générale, un changement continuel de formes, et pour l'individu un changement continuel de matière. Dans un pareil ordre de choses, toutes les parties ne peuvent ni se former en même temps, ni parvenir au même degré de perfection à la fois; mais elles doivent, pour ainsi dire, les unes et les autres, d'une manière lente et insensible, se former graduellement dans l'ordre de leur dépendance. Chaque progrès de l'organisation change ses rapports avec les corps ambiants, et par cela même change aussi les phénomènes et les rapports de la vie. Ainsi, un degré déterminé de calorique extérieur est indispensable au nouvel être, aussi longtemps que les organes destinés à le produire ou à l'extraire ne seront pas formés et mis en action. L'afflux de la matière extérieure ne lui sera pas nécessaire tant que celle renfermée dans l'œuf n'aura pas été complètement élaborée; plus tard la nature de cette matière viable doit se modifier suivant celle de l'individu, les forces de son organisme, et ainsi successivement.

§. 153. — Mais de même que dans cette admirable série, il est un terme premier et presqu'imperceptible, base générale de tout accroissement ultérieur ; il doit aussi, par une loi invariable et universelle de la nature, se trouver un terme culminant, un dernier degré que ne peuvent franchir et dans lequel doivent se maintenir l'accroissement et le perfectionnement de l'organisme. C'est à cette époque, que chacune des parties, chaque organe et par conséquent la machine entière ont atteint les bornes de leur dimension et de leur perfectionnement. Une fois arrivé à cette barrière insurmontable, le travail organique qui ne peut passer outre, doit donc ou rester ainsi stationnaire pendant des siècles, ou bien descendre et tendre à sa chûte. Demeurer en cet état est impossible, puisque les causes de la vie et de l'accroissement ne cessent point d'agir et continuent d'entretenir les fonctions organiques. Celles-ci ne pouvant se perfectionner ni croître davantage, sont ainsi forcées de décliner, de s'affaiblir graduellement, et enfin de s'éteindre. Nous donnerons ailleurs une explication plus détaillée de ces premiers principes.

§. 154. — Chaque vie individuelle a donc deux

termes, l'un le plus bas (*minimum*) et l'autre le plus élevé (*maximum*) de son existence. On pourrait appeler ce dernier état le midi de la vie, lequel une fois dépassé, l'être prend une marche rétrograde, graduelle et analogue à son élévation, jusqu'au dernier terme de son cours. Mais comme le moment où l'astre se trouve au zénith est extrêmement court ; comme il n'occupe à la rigueur qu'un moment indivisible ; on peut donc, sans erreur, diviser le cours entier de la vie en deux portions, l'une destinée à la naissance, à l'accroissement et au perfectionnement de l'organisme, l'autre à son déclin, à sa destruction et à l'approche insensible de sa ruine. La vie, pour parler d'une manière plus brève et plus expressive, se compose donc de deux périodes ; celle de l'organisation et celle de la désorganisation, progressives. Or, ayant plus haut démontré en principe, que toutes les fonctions organiques tiennent à la réaction des forces organiques et à leur prédominance sur les forces anti-organiques ; de même que les fonctions désorganisantes dépendent de la prééminence des affinités ; il en résulte clairement que dans la première moitié, les forces organiques l'emportent et donnent la loi à toute la vie, et que dans la seconde elles s'affaiblissent lentement, et laissent par ce moyen un empire graduellement plus étendu aux affinités. Celles-ci devenues les seules maîtresses de l'être, finissent par arrêter toutes les fonctions organiques, et par là aussi la vie. Telle est la marche naturelle du cours de l'existence, telle devrait être sa fin, trop souvent accélérée par des causes violentes et étrangères.

§. 155. — Mais puisque les fonctions organiques prédominent jusqu'au midi de la vie, et que dès lors elles s'affaiblissent d'une manière insensible et cèdent l'empire aux forces anti-organiques ; on doit se représenter la vie individuelle comme une série constante et non-interrompue de changemens, de combinaisons et d'élaborations dans la matière viable, dépendant de la réaction réciproque des forces organiques et anti-organiques : les premières l'emportant d'abord et finissant par s'affaiblir entièrement ; et les secondes très-faibles dans leurs principes, s'exaltant à leur tour en proportion de l'affaiblissement des autres au déclin de la vie. Ou plutôt, nous pouvons considérer les puissances anti-organiques, agissant sans relâche sur la matière où a été insérée la force individuelle dès son installation, et tendant à l'y détruire et à l'y éteindre : tandis que de son côté cette force réagissant contr'elles et conservant constamment son équilibre, se maintient jusqu'à une certaine époque, s'étend insensiblement sur une masse croissante de matière, mais s'affaiblissant en raison de cette même extension, cède en dernier résultat aux forces anti-organiques : ces dernières devenant plus énergiques à leur tour, l'oppriment à chaque instant davantage jusqu'à l'entière extinction de la vie.

§. 156. — D'où il résulte que la force organique est d'autant plus active, qu'elle s'exerce sur une moindre quantité de matière : c'est-à-dire, *qu'elle agit en raison inverse des masses :* une des lois les plus lumineuses auxquelles nous puissions atteindre dans les sciences physiques. C'est elle qui nous démontre la différence essentielle qui existe entre les puissances organisantes et les forces anti-organiques (l'attraction et les affinités), qui agissent en raison directe des masses. La force individuelle ne peut donc prévaloir sur les forces physiques propres à chaque matière, qu'en se bornant et en se condensant, si l'on peut s'exprimer ainsi, dans la plus petite masse possible de matière. C'est aussi à une telle condition de densité, c'est-à-dire, à cette condensation de la force organique dans la plus petite portion de matière qu'est due la naissance du nouvel individu. C'est enfin l'intensité de cette puissance et le degré de sa concentration qui doivent déterminer le cours et la durée de la vie et ses développemens organiques.

§. 157. — Et puisque l'énergie et l'action de la force organisante, suivent à chaque temps de la vie individuelle les variations de la masse de matière qui lui est soumise et l'intensité différente des forces anti-organiques ; il n'est pas étonnant que l'organisation et par là même la conformation des individus éprouvent des variations perpétuelles durant tout le cours de la vie ; et que chaque individu soit tout autre dans l'enfance, la maturité, la vieillesse et la décrépitude ; qu'enfin elle se change encore dans chacune de ses périodes, et qu'il n'existe pas deux instans où elle soit semblable à elle-même.

§. 158. — Tel est donc le caractère inséparable de la première moitié de la vie : exaltation de toutes les fonctions organiques, à raison de la prédominence de la force individuelle ; et delà, énergie et perfectionnement de l'organisation suivant les mêmes rapports. Dans la seconde période de la vie, au contraire, prééminence graduelle des forces chimiques; altération et désorganisation successive de l'organisme. Nous commençons donc, dans l'ordre naturel, à mourir du moment même où notre accroissement est complet et notre organisation portée au dernier degré de perfectionnement. Et de même que chaque instant de notre durée est, jusqu'à notre méridien, un profit réel, un bénéfice effectif dans la vie; de même aussi depuis lors, chaque instant est une perte, un véritable pas vers la mort. Le cours de la vie étant ainsi composé de ces deux moitiés, et la durée de la dernière correspondant parfaitement à l'étendue de la première; il s'ensuit que les êtres organiques auront, en général, une longévité d'autant plus grande que cette première partie aura été elle-même de plus d'étendue, c'est-à-dire que leur accroissement et leur perfectionnement auront été plus lents et plus insensibles. Cette vérité est confirmée par l'expérience de tous les siècles.

§. 159. — Cette durée plus ou moins rapide de la conformation et de l'accroissement peut être

26.

considérée parmi les divers genres et les espèces,
ou bien seulement entre les individus de la même
espèce. Dans le premier cas, cette différence se
rapportant à la diversité des genres et des espèces,
doit reconnaître la même cause qu'elle, c'est-à-dire
la nature spéciale de la force organique imprimée
lors de la création primitive à tous les êtres; elle
ne peut donc être pour nous l'objet d'aucune recherche. Dans les individus du même genre, cette
distinction est très-peu sensible; et il est infiniment
probable que d'abord, la force organique de chaque
genre particulier peut varier, un tant soit peu, en
puissance dans les espèces. En second lieu, quand
elle serait égale dans les espèces mêmes ; étant
toujours dans une dépendance immédiate des puissances viables extérieures, l'accroissement et toute
la structure organique dépendraient également de
ces deux puissances et du cours plus ou moins
rapide de la vie. Dans cette dernière hypothèse,
le développement et l'accroissement d'un individu
donné seront d'autant plus accélérés, le mode de sa
vie d'autant plus rapproché de sa chûte organique,
et sa mort d'autant plus prompte, que les puissances vivifiantes agiront d'une manière plus rapide

et plus active. Parmi ces puissances, le calorique tient le premier rang par son énergie, tant sur les fonctions organiques que sur les chimiques ; c'est lui qui favorise à la fois ce double mouvement de la vie : c'est à lui enfin qu'il faut attribuer la grande influence du climat, de la saison, et de la température atmosphérique sur l'accroissement des êtres organiques. Aussi voyons-nous que plus le printemps et l'été sont chauds et sereins, plus rapidement aussi les végétaux croissent, murissent et donnent leurs fruits : plus ils sont froids au contraire et plus tardive est l'apparition de ces phénomènes naturels. Les habitans des pays chauds croissent et atteignent leur maturité plus promptement que ceux des pays froids ; les femmes y sont plutôt réglées, et les deux sexes infiniment plus précoces sous le point de vue de la reproduction. A défaut de la chaleur naturelle, l'art peut aussi, jusqu'à un certain point, produire les mêmes résultats. C'est pourquoi nous voyons que dans les climats les plus septentrionaux mêmes, les enfans tenus chaudement, bien nourris, faisant usage de viandes fortes, de vins, de boissons spiritueuses, d'alimens épicés, etc., arrivent promptement à leur maturité et au midi de leur vie ; tandis que par opposition et dans les pays mêmes les plus chauds, l'enfant pauvre, mal nourri et souvent pressé de la faim, atteint ce terme à une époque très-éloignée.

§. 160. — Puisque l'accroissement en entier est une véritable fonction organique essentiellement favorisée par la chaleur ; il s'ensuit, qu'une abondance de matière viable propre à l'entretien de la vie, unie à un degré proportionné de chaleur, seront pour elle les deux conditions les plus avantageuses. Mais si à une haute température, soit naturelle soit artificielle, se joint la disette de matière viable, dès lors le calorique excédant ne favorisera plus que la désorganisation ; la force organique ne trouvant plus à s'étendre ni à s'exercer sur une matière suffisante, sera forcée de se restreindre à une moindre masse. Dès lors aussi l'accroissement de ces êtres sera sensiblement borné, mais pour cela la puissance organique n'en aura que plus d'énergie.

CHAPITRE X.

Examen des puissances extérieures qui peuvent agir sur l'économie animale. — Appréciation de leur rapport et de leur équilibre.

§. 161. — **N**ous avons établi dès le principe de cette théorie (§. 35, 36) que la connaissance parfaite des puissances vivifiantes, et l'évaluation juste de leurs rapports avec les êtres organisés, dans toutes les circonstances, étaient l'unique voie qui put nous permettre, avec quelque espèce de certitude, une influence quelconque sur la vie individuelle. Ainsi le but le plus important de la physiologie, étant de reconnaître et d'apprécier tous les accidens et tous les dangers qui menacent à chaque instant l'existence des hommes, pour leur apprendre tant à s'en garantir quand ils ne font que la menacer, qu'à s'en défendre lorsqu'ils sont déjà présens ; nous allons plus particuliérement nous occuper de cet ordre de recherches.

§. 162. — Nous avons reconnu dans le cours de cet ouvrage, que les alimens, et en général toutes les substances qui entrent dans l'économie vivante par la voie qui leur est propre, y exercent en vertu de leur force particulière, une certaine action qui tend à décomposer l'être, à priver la matière organisée de sa forme actuelle, et à la ramener sous l'empire des lois propres aux corps inertes ou inorganiques (§. 66). Mais si cette matière importée est en même-temps viable, dès lors elle jouit elle-même de l'énergie qui la fait tendre à l'organisation ; et de cette sorte elle obéit avec facilité aux lois individuelles, et s'empare successivement du poste qu'occupait la première. La matière non viable ne peut manisfester une pareille tendance et doit conséquemment se refuser à tous les efforts des puissances organiques. Il nous importe donc de considérer et d'étudier la matière introduite dans le corps vivant, sous le double point de vue de sa *viabilité* et de sa *non viabilité*. La matière viable a pour caractère indélébile qu'elle peut se revêtir de la forme et de la structure organiques : telle est l'eau, tels sont aussi l'air atmosphérique et les composés organiques ou les élémens dont ils sont formés eux-mêmes. Mais comme toute la matière viable ne l'est pas au même degré (§. 55), examinons, avant tout, les lois de l'accroissement et de la diminution de sa viabilité, et par là les changemens de rapport de cette matière avec les êtres organiques. Et d'abord :

§. 163. — Si nous avons égard à la totalité des êtres vivans, en masse ; dès que nous avons établi en principe (§. 62), *que la viabilité de la matière alimentaire était en raison inverse des progrès de son organisation :* il est clair, *en premier lieu,* que la matière totalement désorganisée, et ne conservant plus aucune trace de la vie ni d'aucune cohésion organique, doit être également viable pour tous. Ainsi l'eau, l'acide carbonique, les gaz hydrogène, oxygène, etc., auront une viabilité égale pour la généralité des êtres. L'atmosphère, la mer, les lacs et les fleuves, inépuisables magasins de ces matériaux, sont donc à ce compte, les vrais élémens de toute la création vivante. De tels principes généraux, débarrassés de tous liens organiques, et très-faiblement soumis aux forces physiques, ne peuvent opposer aux puissances assimilatrices des êtres vivans, que la cohésion chimique, c'est-à-dire, la puissance des affinités qui sont particulières à chacune d'elles. Ainsi, toutes les fois que ces substances seront introduites dans l'organisme vivant, leur propre tendance à l'organisation et les efforts de la puissance individuelle pour leur assimilation, n'auront à combattre que les affinités actives et quiescentes. La facilité de l'assimilation de ces substances, sera donc en raison inverse de ces affinités. *En second lieu :*

§. 164. — Puisque dans l'universalité de la nature vivante, il existe une organisation progressive de la même matière (§. 148), de sorte que toute la partie organique du globe doive être envisagée comme un seul corps (§. 149), dont les différens membres, indissolument et étroitement unis, se transmettent successivement leur propre vie. En partant ainsi des premiers anneaux de cette grande chaîne, et en la parcourant toute entière, la viabilité de la matière doit aussi diminuer en raison directe des progrès qu'elle a fait dans l'organisme, et s'exalter en raison directe de son retour à la simplicité élémentaire. Ainsi celle qui entre dans la composition des premiers chaînons doit être plus ou moins viable pour les suivans, et relativement à leur position respective, cesser de l'être pour ceux qui les précèdent. Aussi voyons-nous les végétaux qui forment les premiers anneaux de cette grande chaîne, servir d'alimens aux animaux qui ne peuvent se nourrir d'autres animaux eux-mêmes. Si donc dans la série entière des êtres vivans, ces premiers anneaux sont les plus simples et les moins élaborés pour ainsi dire, et que les suivans le deviennent toujours davantage, il faut que la matière des premiers soit plus viable, et que nous admettions en principe, *que la matière organisée, ou qui conserve encore la cohésion propre à l'organisme, est d'autant plus viable que son élaboration est moins parfaite, c'est-à-dire moins avancée dans l'organisme.*

§. 165. — Cette élaboration varie non seulement dans les différens genres et dans les différentes espèces des êtres animés et visibles, mais encore dans les différentes parties du même individu donné, dont chacune possède sa structure particulière, et se transforme insensiblement en d'autres parties. Et en retour il est quelques parties organiques, qui dans des genres et des espèces même très-différentes, peuvent néanmoins être presqu'entièrement semblables, et dont le degré d'élaboration est à peu près identique ; tels sont le mucilage végétal, l'amidon, l'huile, le sucre, l'albumine, la gélatine, etc., qui sont toujours les mêmes, de quelque part qu'elles proviennent. De pareils élémens ayant une élaboration organique uniforme, malgré la variété des sources dont elles ont été tirées, doivent aussi posséder une viabilité à peu près semblable. D'où il résulte que plusieurs êtres organiques peuvent être également viables pour un être vivant donné, comme les diverses parties du même individu peuvent posséder eux-mêmes des degrés très-inégaux de viabilité.

§. 166. — Il n'en est pas ainsi pour les êtres isolés. Leur classement relatif dans la série des êtres vivans détermine aussi la viabilité relative de la matière organique qui agit sur eux. En effet, dans la même proportion que les élémens qui s'organisent perdent leur viabilité pour la forme qu'ils ont déjà reçue, ils doivent aussi en acquérir davantage pour les suivantes (§. 67) : la matière sera donc d'autant moins viable pour les formes inférieures, qu'elle les aura plus dépassées par son élaboration organique, et le deviendra davantage pour les plus voisines d'un degré supérieur. Ainsi pour chaque être isolé, la matière organique sera d'autant moins viable, qu'elle aura plus dépassé le degré d'organisation qui caractérise cet être, et sa viabilité sera d'autant plus grande pour lui que dans cette élaboration progressive, elle s'en sera rapprochée davantage. Tout être vivant peut donc être considéré comme circonscrit par ces deux sortes de matières. Dans l'une, les élémens viables se rapprochent du degré d'élaboration propre à l'être lui-même, et sa viabilité varie en raison de ce rapprochement. Dans la seconde, la matière viable a déjà dépassé ce degré, s'en éloigne à chaque instant davantage, et sa non viabilité est en raison directe de ce plus ou moins de distance.

§. 167. — Ainsi chaque être vivant (§. 165) se compose de parties dont l'élaboration organique est tellement différente, que les unes sont déjà parvenues à leur plus haut point de perfection et ne sont plus propres qu'à être désorganisées et sécrétées ; tandis que d'autres tout récemment introduites dans le système ou très-faiblement modifiées, constituent une matière encore crue, qui peut être l'objet de toutes les élaborations succes-

sives. Cette matière vierge et neuve, doit, eu égard
à toutes les autres, en être la plus viable, puisqu'elle doit les remplacer toutes ; de même que
celle qui a déjà épuisé toutes les formes, doit présenter, sous un pareil rapport, le moins de viabilité
possible. Entre ces deux points extrêmes, il s'en
trouve un grand nombre d'intermédiaires, qui embrassent tous les progrès particuliers de l'organisation et du décroissement de la viabilité. Ou
plutôt tous les points pris ensemble marquent seulement les progrès du mouvement qui constitue la
vie individuelle, ou le trajet que parcourt la matière
viable dans la vie. Ce trajet commence à son entrée
dans le corps vivant et finit à sa sortie. Si donc la
matière perd de sa viabilité en raison de son élaboration, on peut exprimer par cette propriété
toute progression de ce mouvement, et dire que,
plus une matière donnée est avancée dans ses mutations organiques, plus aussi elle est près du
terme de sa course dans l'individu, et moins elle
est viable pour cet individu lui-même : on peut considérer chacun de ces membres de phrase comme
équivalent à l'autre.

§. 168. — Tout être vivant possède donc en

lui-même une quantité de matière propre à être élaborée et à entretenir ses fonctions organiques ; un nouvel afflux de substance étrangère ne lui sera nécessaire que lorsque la première commencera, pour ainsi dire, à s'épuiser, quand la matière la plus viable en aura été pour la plus grande part élaborée, et que les organes qui auront co-opéré à ce premier travail, reclameront un nouvel aliment à leur activité. Plus donc, toutes circonstances égales d'ailleurs, le mouvement vital ou la circulation de la matière viable, dans un individu quelconque, marche avec force et rapidité, plus fréquent et plus abondant doit être l'afflux de la matière qui lui sert de nourriture. Par la même raison, plus le cours de la vie est lent, soit par l'ordre naturel de choses, soit par d'autres causes accidentelles ou habituelles, moins aussi doit être répété et copieux l'apport des alimens. Cette différence se retrouve dans les lois même de la nature, sur lesquels est fondée cette théorie.

§. 169. — D'après ces bases, on peut considérer chaque machine vivante en particulier, comme possédant un certain degré de viabilité qui lui est propre ; de même que chacun de ses organes et chacune de ses parties solides ou fluides possèdent cette même puissance, mais à des degrés déterminés et différens. Sous ce point de vue, plus un corps quelconque contient de matière fraîche, crue et inélaborée, et plus aussi il a de viabilité. Le contraire arrive comme nous l'avons déjà dit plus haut (§. 168), dans la condition opposée. Chaque réaction de la force organique détruit donc et éteint une partie de la viabilité ; chaque afflux d'une matière nouvelle répare plus ou moins cette perte. Mais comme cette matière alimentaire, qui peut être introduite dans l'être, offre différens degrés de viabilité relativement à lui ; il est clair que plus sa perte aura été grande, c'est-à-dire, plus l'action des forces organiques aura été énergique, et plus aussi, si l'on veut maintenir l'équilibre, les alimens destinés à restituer au corps ce qu'il a perdu, doivent êtres riches en parties viables. Si donc un être donné ne reçoit pas de pareille matière, ou ce qui revient au même, n'en reçoit que de non viable, il doit, par la perte continuelle de sa viabilité, se rapprocher toujours davantage de sa dernière dissolution, et cela dans le rapport de l'activité de ses forces organiques. En un mot, moins l'être qui se trouvera dans ce cas aura été muni de viabilité, et plus sera restreint le cercle des fonctions organiques et des phénomènes vitaux qui lui restent à parcourir.

§. 170. — Les alimens et les boissons restituent donc cette viabilité que diminue et enlève à chaque moment même la marche de la vie. Mais puisque chaque individu, comme chacun de ses organes, doit avoir son degré de viabilité compris dans de certaines limites ; il est nécessaire aussi que la matière, destinée à alimenter un tel être, possède seulement un certain degré de viabilité comprise dans des limites également données. Ainsi sont assignés à chacun le genre d'alimens et de boissons, l'espèce de matière susceptible d'entretenir sa vie, sa place dans la grande chaîne des êtres vivans, et ses rapports non seulement avec eux, mais encore avec la matière viable en général.

§. 171. — Si l'on considère que tout être vivant a besoin, pour vivre et s'organiser, de l'influence continuelle des substances vivifiantes, et qu'ainsi les alimens et les boissons, essentielles à l'entretien de l'existence chez les animaux, ne peuvent produire cet effet qu'en excitant et en entretenant les

fonctions dont se compose leur vie ; si l'on se rappelle ensuite que la vie individuelle consiste dans
l'organisation et la décomposition proportionnelles
de la matière viable (§. 65), et qu'ainsi eu égard
aux alimens et aux boissons, elle se compose de
l'assimilation, de l'élaboration, et progressivement
du perfectionnement organique des élémens qui les
constituent ; tandis que d'autre part elle travaille
à la séparation, à l'exclusion et à l'excrétion de
ceux qui ont cessé d'être viables pour l'individu :
ou, plus brièvement parlant, que la vie entière n'est
que l'élaboration et l'assimilation de la matière
viable, la séparation et l'expulsion de celle qui a
cessé d'être : si l'on fait attention enfin que ce double genre de fonctions, qui ne peut avoir lieu que
dans les êtres organisés, est par rapport à eux la
vie, et relativement aux autres témoins, la manifestation de ses phénomènes ; on peut, sans crain-
dre d'erreur, donner le nom d'excitants à tous les
corps qui, par leur influence sur les êtres vivans,
y stimulent et y provoquent cette manifestation de
la vie.

§. 172. — Mais *d'abord* puisque la force organique s'exerce sur toute la matière qui se trouve

dans sa sphère ; que cet exercice continu est une série perpétuelle de changemens et d'actions , et que chacun d'eux est une provocation de quelques phénomènes : aucun des corps naturels introduits dans l'animal , sous quelque forme que ce soit , ne peut donc y être absolument sans actions et sans résultats , enfin sans manifestation de la vie. Dans ce sens, on peut dire que tous les corps admis dans l'être vivant sont pour lui une cause excitante et qu'à chacune de ses excitations doit correspondre une manifestation de la vie. *En second lieu*, puisque la vie se signale par deux sortes d'actions, c'est-à-dire par la *composition* et la *décomposition* organiques ; les corps excitans provoqueront l'une ou l'autre de ces fonctions ou toutes les deux à la fois. Examinons-les sous ce nouveau point de vue.

§. 173. — Les corps non-viables absolument ou d'une manière relative et individuelle, ne peuvent être l'objet de l assimilation et de l'élaboration organique , et ne sont conséquemment pas non plus susceptibles d'exciter des fonctions de cette espèce. Mais dès l'instant qu'ils seront introduits dans l'économie , ils ne pourront agir sur la matière vivante qu'à la manière des substances non viables en général, c'est-à-dire qu'ils provoqueront les efforts de l'organisme pour les rejeter hors de ses limites. L'unique action de ces matériaux délétères sera donc de relever les fonctions, à l'aide desquelles la matière non viable est séparée et expulsée du système. En un mot, ils épuiseront l'animal par les différentes excrétions, sans en réparer en aucune façon les dommages. La force organique étant sans effet sur ces substances, ne peut donc leur communiquer le cours de la vie ; mais comme elles, introduisent avec elles des puissances physiques et chimiques, qui entièrement opposées aux forces organiques sont susceptibles d'agir contre elles, celles-ci peuvent, par là même, affaiblir, accabler, ou même entièrement suspendre toutes les fonctions vitales ; surtout si la réaction du système ne parvient pas à opérer promptement leur expulsion. De tels corps vraiment inutiles et nuisibles pour les êtres organiques, les affaibliront et les désorganiseront d'autant plus facilement que leur action sera plus énergique et de plus longue durée. De ce genre peuvent être : 1° tous les corps minéraux non viables, et plus particulièrement les métaux dans leurs différens états, la plus grande portion des substances salines, presque toutes les terres et les pierres qui en sont composées, etc. 2° Toutes les matières organiques ou provenant des êtres organisés, végétaux ou animaux, mais qui n'ont plus de viabilité pour un système organique donné.

§. 174. — Mais puisque tous les corps composés d'élémens viables, possèdent suivant leur nature et eu égard à chaque être vivant, un degré de viabilité particulier ; il en résulte que tous ces excitans, en général, provoqueront les deux genres de fonctions et par conséquent les phénomènes de la vie, mais cela d'une façon d'autant plus parfaite et avec un bénéfice d'autant plus grand pour chaque individu, que le degré particulier de viabilité dans la matière correspondra davantage à sa nature et à ses besoins. Autrement dans la supposition du trop ou du trop peu d'énergie dans cette puissance, il en résulterait les funestes conséquences exprimées dans l'un ou l'autre des §. 120 et 160.

§. 175. — Si donc les corps vivifians extérieurs n'excitent la portion la première et la plus essentielle des phénomènes de la vie, qu'en vertu de leur propre viabilité, et que celle-ci éprouve un changement individuel et décroît en rapport de leur élaboration organique ; il en résulte que l'intromission d'une substance quelconque de ce genre dans l'être vivant stimulera d'abord les fonctions organiques avec l'énergie la plus forte possible ; puis diminuant d'action, elle finira par n'en plus produire aucune sur l'individu, lors de l'épuisement total de cette puissance. Mais d'un autre côté, plus ce corps exaltera les fonctions organiques, et plus aussi il perdra de sa viabilité, et conséquemment plus il deviendra propre à exciter les fonctions chimiques et la désorganisation. Cette propriété nouvelle ou cette aptitude à en favoriser les résultats croît dans la même proportion que la viabilité diminue, et est à son maximum quand celle-ci est à son zéro.

§. 176. — Et puisque la vie de chaque individu ne peut s'entretenir que par une espèce particulière de matière et par un certain degré de viabilité ; il est clair que l'être vivant se trouvera dans l'état de vie le plus parfait, lorsque la matière viable dont il fera usage se rencontrera dans les plus justes rapports avec lui. Cette circonstance réunie à l'intégrité de l'organisme, constitue l'état de santé et de bien-être. Quand le corps vivant existe dans cet équilibre heureux. toute substance non viable, ou qui possède trop ou trop peu de viabilité, peut l'en faire sortir, et l'amenera nécessairement à l'état de maladie, dont nous rechercherons ailleurs les causes. Maintenant examinons quels peuvent être, en général, les résultats de l'action des corps trop ou trop peu excitans sur l'économie.

§. 177. — Si nous reportons nos regards sur les changemens, que relativement aux puissances vivifiantes, doit éprouver l'individu vivifié lui-même; il nous importe de remarquer d'abord, que dès que tout individu parcourt le cercle de sa vie en vertu des forces organiques qui lui sont propres et qui elles-mêmes ont leurs limites; qu'ainsi l'activité de ces forces, leur exaltation et conséquemment leur degré le plus élevé d'énergie doivent être également renfermés dans de certaines bornes et avoir leur maximum d'étendue : il en résulte que lorsqu'un corps quelconque viable avec excès ou plusieurs de ces corps à la fois, portent au plus haut degré les forces organiques, ils se ferment eux-mêmes la voie à toute excitation et à toute assimilation prochaines ; et que l'intromission ultérieure de pareilles puissances ou d'autres analogues, n'a plus aucune action pour résultat. Ainsi, tout sti-mulus excessif produit par des substances viables, enlève à ces substances mêmes, ainsi qu'à toutes celles de même nature le pouvoir d'exciter de nou-veau, et cela proportionnellement à la violence du stimulus et à l'élévation désordonnée des fonctions organiques. Les corps non viables n'obéissent pas du tout à cette loi. *Secondement :*

§. 178. — Plus les fonctions organiques sont hors des proportions ordinaires, moindre aussi doit être l'action des forces décomposantes et anti-organiques ; ou ce qui revient au même, plus l'or-ganisation excède sa mesure commune, et plus les forces chimiques s'affaiblissent. Les premières s'exaltent à l'aide des substances excitantes viables, dont l'action est d'autant plus forte qu'elles sont elles-mêmes plus énergiques. L'effet de ces corps stimulans avec excès est donc d'élever les fonctions organiques dans la même proportion qu'ils abais-sent les fonctions chimiques. L'indice certain de l'exaltation de ces dernières est l'accroissement des excrétions, dont la diminution ou la suppression doivent coïncider avec l'affaiblissement des fonctions auxquelles elles doivent leur origine. L'état plus ou moins considérable des excrétions est donc en raison inverse de l'exaltation des fonctions organiques par les stimulans viables, et peut permettre d'apprécier et de déterminer dans des circonstances données, l'action des forces organiques et anti-organiques.

§. 179. — Mais dès que par leur action continue, par leur énergie ou par leur abondance, ces mêmes substances perdent constamment de leur viabilité, et la diminuent ou la détruisent dans la matière organisée, au point que celles-ci cessent entiérement d'être viables, et qu'elles ne peuvent plus exciter que les fonctions chimiques ; il en résulte que tous les corps stimulans trop énergiques introduisent dans les êtres vivans deux sortes de phénomènes opposés ; c'est-à-dire, que d'abord ils diminuent ou arrêtent toutes les évacuations, et que plus tard il les excitent, les fomentent et les entretiennent. Tout excès dans les fonctions organiques se termine donc par une évacuation qui correspond à son intensité. De là vient que tous les stimulans énergiques, tels que le vin, l'alcool, l'opium, etc., employés avec modération, arrêtent les évacuations et élèvent notablement les fonctions organiques, tandis que pris en surabondance, loin de les exalter, ils provoquent toutes les évacuations et souvent de la manière la plus violente.

§. 180. — La différence d'action entre les corps viables et non-viables sera donc, que quoique les uns et les autres puissent provoquer et favoriser les excrétions dans l'économie animale, ces derniers produisent cet effet à l'instant, au moment même et durant tout le cours de leur action, en raison de leur intensité et de leur abondance ; tandis que les premiers ou les corps viables, commencent par supprimer ou diminuer toutes les excrétions, ou au moins quelques-unes d'entr'elles, et que ce n'est que par la suite qu'ils exaltent cet ordre de fonctions. Et quoique l'action de quelques-unes de ces substances puisse être tellement violente et rapide, qu'après avoir elevé au plus haut degré les fonctions organiques, elles perdent promptement leur viabilité, et favorisent ainsi sur le champ les évacuations à la manière des stimulans non viables les plus énergiques ; néanmoins de telles substances seront toujours faciles à distinguer, en ce qu'en affaiblissant leur dose ou leur énergie, on les voit manifestement diminuer ces mêmes excrétions. En un mot, les stimulans viables ne provoquent les évacuations que fortuitement et d'une façon secondaire : les stimulans non viables le font au contraire, et toujours d'une manière directe et primitive. Peut-on après cela dire que leur façon d'agir dans l'économie animale soit une et identique ?

§. 181. — Puisque dans tous les êtres vivans, les fonctions organiques ont leur maximum qu'elles ne peuvent dépasser ni franchir ; il est clair que toutes les fois que des excitans viables quelconques les exaltent outre mesure, ils restreignent d'autant plus la carrière de toute vivification future, et limitent ainsi les fonctions et les phénomènes organiques. Or, comme les fonctions chimiques ou de décomposition se rallentissent en proportion de l'énergie des fonctions organiques ; il en résulte qu'alors les premières doivent, dans le même rapport, se rapprocher davantage de leur entière suppression. Quand donc l'action soutenue et à chaque instant plus énergique des puissances vivifiantes a porté les fonctions organiques à leur plus haut point et presque à leur dernier période ; alors les fonctions chimiques doivent toucher au degré le plus bas possible de faiblesse ; alors aussi la carrière ouverte à l'action ultérieure des forces vivifiantes est resserrée dans les bornes les plus étroites possibles. A cette époque, si l'action de ces mêmes forces remplit le petit espace qui lui restait à parcourir ; dans ce cas, la route se trouve entiérement fermée à la vivification, et toute matière viable a cessé de l'être pour une telle économie. Mais puisque dans cette hypothèse les fonctions chimiques demeurent également suspendues, il en doit résulter que le point le plus élevé possible de toute vivification, est celui où toutes les fonctions chimiques s'arrêtent, et où aucune des fontions organiques ne peut avoir lieu. Ce point est celui où se terminent ces deux ordres d'actions et conséquemment la vie avec elle. L'extrême énergie des stimulans viables peut donc arrêter et éteindre la vie individuelle. On ne peut pas dire qu'alors la mort survienne par désorganisation, puisque les fonctions chimiques et désorganisatrices s'y sont affaiblies jusqu'à leur entière extinction. Elle n'arrive uniquement que parce que tous les corps vivifians ont cessé de l'être pour une telle économie, et qu'ainsi ce corps organisé

lui-même est sorti des bornes de ses rapports avec
•la matière viable, rapports d'où dépendait le cours
de sa vie individuelle.

§. 182. — Au contraire, si les stimulans vont
sans cesse en diminuant jusqu'à la disette la plus
absolue, alors toutes les fonctions organiques doivent, dans la même proportion, s'affaiblir, se
rallentir et s'éteindre. En pareil cas, les fonctions
chimiques s'exaltent de plus en plus; la décomposition organique et les excrétions ne cesseront
de prédominer, jusqu'à ce que parvenues à leur
maximum d'action, elles aient entiérement sus-
pendu et détruit toutes les fonctions organiques,
Dans ces circonstances, les fonctions chimiques
atteignent le degré le plus élevé auquel elles puissent parvenir dans l'économie vivante, tandis que
les fonctions organiques sont descendues au plus
bas possible : c'est-à-dire que l'organisation ultérieure s'arrête complétement et que la décomposition organique arrive au point qui approche des
véritables changemens chimiques de la matière qui
a cessé de vivre, et qui est entiérement inerte.
Dans ce cas, les individus succombent par une
vraie décomposition, par désorganisation et par

l'extinction du mouvement vital, causé par l'insuffisance des moyens qui lui donnaient naissance.

§. 183. — Les stimulans non viables sont éminemment nuisibles (§. 122) et d'autant plus qu'ils stimulent davantage ; soit qu'en agissant contre la force individuelle ils puissent en arrêter toutes les fonctions ; soit que tournant leurs efforts contre la cohésion organique de la matière même (§. 123) ils soient capables de détruire les combinaisons déjà existantes ; soit qu'enfin déployant une force assimilatrice, ils parviennent, malgré toute la résistance de l'économie, à faire subir, en tout ou en partie, un nouveau travail, une nouvelle élaboration à la matière de l'individu (§. 125), et puissent enfin tôt ou tard mettre fin à la vie individuelle.

§. 184. — Toutes les puissances stimulantes doivent en définitif agir d'une de ces manières sur l'économie animale. Comme ces moyens diffèrent évidemment entr'eux, il faut aussi de toute nécessité que leur mode d'action soit aussi de nature différente.

CHAPITRE XI.

Fonctions des êtres organiques. — Action spéciale de chacun de leurs organes.

---

§. 185. — La vie physique, en tant que la propriété de la matière viable, est donc, dans le système du monde, une espèce particulière de mouvement, une série propre de changemens qui surviennent dans cette matière. De tels changemens résultent, 1° de la tendance des élémens viables à se soumettre à l'organisation, jointe à l'action des forces individuelles locales qui en limitent la forme, l'espèce et la nature : 2° du retour graduel des forces chimiques et physiques, et de la décomposition organique qui en est l'effet. Dans le premier cas, la matière soumise à la viabilité et à la force organique, se dégage progressivement de ses liens chimiques et forme dans la même proportion des combinaisons organiques, dont la puissance et la structure correspondent à la force de la viabilité et à l'espèce des forces organisatrices. Mais dès qu'une fois cette tendance à l'organisation a été saturée et assoupie ; elle doit nécessairement aussi cesser son action ; et dès lors cette matière sollicitée par l'activité du calorique et pressée par l'afflux d'une matière toujours nouvelle, commence à tendre à se délivrer des liens de la vie. Les forces physiques et chimiques se réveillent, reprennent leur empire, agissent et la décomposent en dernier résultat. Telle est l'idée la plus générale des phénomènes et des changemens auxquels est soumise la matière vivante.

§. 186. — Mais la totalité des créatures terrestres se divise en genres et en espèces. Ces corps ne diffèrent entr'eux que par la différence de structure, qui dépend elle-même de celle de leur force organique. Or, comme les phénomènes de la vie sont absolument identiques dans les mêmes espèces et ne diffèrent que par la diversité de leur structure, c'est donc à la force organique qu'on doit attribuer la cause de cette diversité dans les phénomènes de la vie.

§. 187. — Nous nommons phénomènes de la vie, les actes qui manifestent sa présence. Il résulte de nos principes que bien que la vie soit essentiellement une et identique dans toute la création animée, elle se manifeste néanmoins de diverses manières, suivant les genres et les espèces. C'est donc aussi à cette diversité d'organisation qu'est due celle que nous observons dans les phénomènes de la vie. Chaque individu se compose de parties et d'organes qui se comportent, relativement à lui, comme les genres et les espèces relativement à la totalité du monde organique, avec cette différence que leur union réciproque est plus étroite et plus intime. Il en résulte que la vie bien qu'une et identique dans tout l'individu doit se manifester d'une façon différente dans ses différens organes.

§. 188. — L'état des forces organiques étant la source de la différence des genres et des espèces, détermine aussi le mode des phénomènes propres aux uns et aux autres. Pareillement, dans un être vivant donné, cet état ou la constitution organique d'une partie quelconque, dont la structure et le genre déterminent les phénomènes, s'appelle fonction de cette partie ; et l'on donne le nom d'action aux phénomènes eux-mêmes ou au complément, pour ainsi dire, de cette fonction. Du genre d'organisation dépend donc la nature des fonctions qui ne peuvent s'accomplir que lorsque les organes qui leur sont destinés sont susceptibles d'action ; et ceux-ci ne le deviennent que lorsqu'ils y ont été convenablement excités. Ainsi, tout phénomène ou tout accomplissement de fonctions dans un organe quelconque sera l'effet du concours des forces organiques et des puissances excitantes ; et chaque vie individuelle se composera de l'action de tous les organes isolés qui lui appartiennent. Mais comme les stimulans sont viables ou non viables ; qu'ils excitent l'organisation ou la décomposition , dont l'une dépend principalement des forces organiques et l'autre des affinités ; comme de plus , la matière viable provoque à la fois et l'action organisatrice et les décompositions organiques ou les excrétions ; et que chaque fonction d'un organe se compose toujours de ces deux actions réunies , quoique non toujours dans une égale proportion ; si nous désirons dans les êtres vivans connus , attribuer à un organe quelconque , une force exclusive à l'aide de laquelle il puisse agir et être propre à remplir ses fonctions , je demanderai quelle est celle qu'il est possible de lui assigner ?

§. 189. — Une grande portion des phénomènes de la vie animale se compose du mouvement et du sentiment : le premier a lieu dans les chairs, nommées autrement muscles ; le second appartient aux nerfs. Aussi les physiologistes, pour expliquer ces deux phénomènes, les plus grands et les plus admirables de l'économie, ont-ils imaginé une propriété ou plutôt une force particulière, résidant dans les muscles, sous le nom d'*irritabilité;* et une autre dans les parties nerveuses, à laquelle ils ont donné le nom de *sensibilité.* La première gît et consiste dans le raccourcissement des muscles ou leur contraction par le contact des corps qui leur sont immédiatement présentés. La seconde ayant son siège dans les nerfs, y exerce à chacun de ces contacts non pas la contraction, mais une sensation. Comment un jugement sain pourrait-il admettre de pareilles hypothèses? En effet, si l'organisation du nerf et celle du muscle étaient identiques, et que néanmoins une même cause produisit, sur chacun d'eux, un effet différent ; sans doute qu'alors on pourrait recourir à la supposition de deux forces qui feraient ainsi varier les résultats. Mais dès que nous voyons que ces parties ont une organisation

(234)

toute différente ; que tout ce qui est muscle, excité
à une action, se contracte, et que tout ce qui est
nerf, est sensible : nous sommes indispensablement
forcés de reconnaître que ces effets ne sont que les
modes différens par lesquels ces organes manifestent leur vie ; qu'ils ne peuvent la montrer d'aucune
autre façon, et qu'ainsi l'hypothèse des deux forces
est non seulement inutile, mais même ridicule. Si,
d'après une semblable méthode, on désirait assigner une puissance propre à chaque espèce d'organisation, il en faudrait une aux oiseaux, parce
qu'ils volent ; aux poissons, parce qu'ils nagent ;
aux animaux terrestres, parce qu'ils marchent. Ne
serait-il pas également juste d'en imaginer une pour
l'œil qui voit, pour l'oreille qui entend, et ainsi
des autres organes? Dans le fait, si ces forces ima-
ginaires avaient quelque appui dans la nature, il
faudrait pouvoir les rapporter à quelques-unes de
celles qui contribuent au cours de la vie animale.
A laquelle pourrions-nous les rapporter? ce ne serait pas à la viabilité ; car celle-ci réside dans chaque
parcelle de matière qui compose le corps organique ; elle existe également, mais à différens degrés,
dans les alimens et les boissons, et ne peut consé-

quemment être l'appanage exclusif des parties nerveuses ou musculaires. Ce ne serait pas non plus
à la force organique, qui loin d'être bornée à quelques organes, existe et agit sur tous les points de la
machine vivante. Ce serait bien moins sans doute
encore aux affinités ou au calorique. Si ces deux
expressions sont destinées à spécifier la différence
de la force organique particulière aux chairs, de
celle qui accompagne la texture nerveuse, on voit
d'abord qu'elles ne nous apprennent rien du tout
sur cette différence. Qu'*en second lieu*, si l'on
voulait les désigner toutes par un nom particulier,
il faudrait un mot nouveau pour la force organique
de chaque genre, de chaque espèce, pour celle de
chaque organe ; en un mot, de chaque point vivant
solide ou fluide d'une plante ou d'un animal. Nos
connaissances s'avanceraient-elles par cette superfé-
tation de nos dictionnaires? Les sciences physiques
ne reposent pas seulement sur des mots. La force
organique est et doit être toujours pour nous, quant
à sa nature, un secret éternel ; et sa connaissance
même, si nous pouvions y parvenir, nous serait
probablement encore fort inutile. Qu'il nous suffise d'en reconnaître les effets ; d'évaluer ses rap-

ports avec les autres forces qui agissent ou peuvent agir sur l'économie, ainsi que les lois de ces actions. Toutes les espèces organiques, et chaque individu dans une de ces espèces possèdent, en vertu de la force qui leur est propre et des organes qui en sont l'ouvrage, une manière d'être particulière, des fonctions et des phénomènes qui n'appartiennent qu'à elles seules. La même puissance créatrice qui a déterminé les propriétés des genres et des espèces a également assigné celles de chacun des organes. La fonction des glandes salivaires, par exemple, est de préparer la salive; celle du foie, de sécréter la bile, etc. C'est de la sorte et non d'aucune autre, que ces organes expriment constamment leur vie particulière pendant la durée de leur existence et de la vie individuelle : personne ne s'est cependant avisé d'établir et de supposer autant de forces propres à chacun de ces organes. Pourquoi donc le sentiment des nerfs et la contraction des muscles, phénomènes qui ne sont que la manière dont ces parties témoignent et manifestent leur existence, nous ont-ils assez intéressés pour mériter l'honneur de reconnaître à chacun d'eux une force particulière ? Serait-ce parce que nous ne comprenons ni ne pouvons concevoir ce double mode d'action? Mais concevons-nous mieux comment le foie et les glandes salivaires sécrétent leurs liqueurs? Y a-t-il dans la nature vivante entière un seul phénomène vital que nous comprenions davantage? Que penserons-nous donc de ceux à qui il a suffi jusqu'ici de cette irritabilité et de cette sensibilité seules, pour expliquer tous les mystères et tous les phénomènes de la vie animale; ou de ceux pour qui elle ne consiste que dans ces deux propriétés? Que dire enfin de ces contestations éternelles sur la différence ou l'identité de ces deux puissances?

§. 190. — Les divers organes d'un être donné sont, pour lui, ce que les genres et les espèces sont à l'égard du grand tout organique, c'est-à-dire, que chaque vie individuelle se compose de l'action de tous les organes isolés à la fois. Ainsi, ce que nous avons dit jusqu'ici de la vie en général, de ses causes, de ses lois et de ses phénomènes, s'applique à la fois à chaque être individuel. Chacun d'eux existe par l'harmonie de plusieurs systèmes, dont chacun organise à sa manière, élabore et désorganise à sa guise une substance viable pour lui, constituée et préparée de façon à ne convenir qu'à lui. Ces systèmes partiels, coordonnés en un tout, se préparent les uns aux autres la matière viable, et forment une chaîne continue, dont les anneaux se transmettent mutuellement leur propre vie. La matière s'organisant ainsi à travers tant d'ateliers successifs, va subissant à chaque pas une élaboration croissante, jusqu'à ce que parvenue au terme le plus élevé, elle se soit entièrement dépouillée de toute sa viabilité pour la machine qu'elle vient de parcourir, et ne soit plus que l'objet de ses excrétions.

§. 191. — Mais de même que dans tout le monde vivant, nous regardons comme les êtres les plus parfaits ceux qui, dans l'échelle organique, occupent le rang le plus élevé, qui élaborent le plus fortement et le plus parfaitement la matière viable, et qui doués par là d'une structure plus compliquée, ont une vie également moins simple, pour ainsi dire. De même aussi dans un individu donné, nous devons considérer comme plus nobles et comme plus parfaits les organes dont la texture, et par conséquent les fonctions sont les plus parfaites et les plus compliquées. Ainsi les organes du mouvement et du sentiment, particuliers aux animaux et plus ou moins étendus selon la perfection des êtres, doivent en être considérés comme les plus composés et les plus élaborés. L'homme, envisagé du côté physique, est le plus accompli des êtres organiques ; car il n'en est point, dont les organes, les fonctions et les actions soient aussi compliquées et aussi surprenantes ; son intelligence et sa langue n'ont rien qui puisse leur être comparés dans toute‘ la création vivante. Après les muscles et les nerfs, on doit regarder comme les plus parfaits les organes qui s'en rapprochent davantage par leur élaboration propre ; de même qu'après l'homme, nous admettons comme les plus parfaits dans leur structure les animaux qui s'en rapprochent le plus sous le rapport des mouvemens et de l'intelligence.

§. 192. — Mais bien que toutes les lois de la vie embrassent l'ensemble des êtres organiques, de sorte que ce que nous avons dit sur la vie elle-même et sur l'organisation en général, soit également applicable non seulement à tous les genres, à toutes les espèces ; mais encore à chaque individu et à chaque fraction d'un être organique : en examinant cependant le monde vivant entier par

détails, nous voyons que chacun de ces membres
isolés, a dans son organisation quelque chose de
particulier et qui, propre à lui seul, sert à le distinguer de toutes les autres créatures : ainsi, indépendamment de la vie générale ; commune à la
totalité des êtres, chacun d'eux jouit d'un mode de
vie qui lui est propre, et qui lui sert à manifester
son existence. Il nous faut donc étudier séparément
l'organisme et les phénomènes vitaux de chaque
genre et de chaque espèce, et nous garder d'appliquer à leur ensemble les notions particulières
que nous aurons acquises séparément sur chacun
d'eux. Tout être ayant son organisation propre,
a aussi ses rapports particuliers avec les êtres
vivans, et avec la matière viable un autre cercle
de vie et d'autres phénomènes. Il est impossible
de passer en revue de cette manière tous les êtres
vivans dans leur détail, pour appliquer à chacun
d'eux en particulier les principes de cette théorie.
Cette entreprise serait interminable. Ce n'est que
pour l'homme que je me suis proposé d'entrepren-
dre ce travail, et de chercher ainsi à expliquer
clairement ses phénomènes vitaux, et son état de
santé et de maladie.

§. 193. — Et puisque les parties et les organes différens d'un être vivant sont, à son égard, ce que les genres et les espèces sont pour le grand tout organique ; nous devons tâcher d'étudier dans l'homme qu'il nous importe de connaître dans les plus grands détails, ses divers organes, leurs fonctions, leurs actions, leurs connexions avec les autres parties, et l'espèce de matière viable nécessaire à l'entretien de sa vie.

§. 194. — Mais par cela même que les lois générales de la vie, s'étendent à tout être individuel et à chacun de ses organes ; il en résulte que toutes les fonctions et toutes les actions de ses diverses parties doivent, avant tout, leur être également soumises. Nous savons déjà (§. 65), que la vie individuelle consiste dans l'organisation perpétuelle de la matière viable, et dans une désorganisation correspondante de la matière organisée : nous savons, en outre, que la vie est pour la matière viable (§. 148) un changement perpétuel de formes, et pour une forme donnée, un changement égal de la matière. D'après ces principes, chaque organe doit donc être alimenté par l'espèce de matière qui lui est préparée ; et tandis que d'un côté il s'en empare, il doit de l'autre se débarrasser d'une partie plus ou moins grande de sa propre substance ; en un mot, il doit se renouveller sans cesse, et c'est à cela que se réduit sa vie. Cette circulation de la matière est assez manifeste chez les individus que nous voyons s'approprier la matière viable et s'en débarrasser par des excrétions de diverse nature. Dans chaque organe particulier, au contraire, rarement une pareille observation nous est permise : l'œil ne peut le plus souvent découvrir ni la voie par où il se nourrit, ni le mode d'introduction de la matière viable, ni la manière dont s'opèrent ses excrétions ; d'ailleurs l'organisation et la désorganisation de chacune de ces parties se correspondent tellement, que conservant toujours un volume et une figure presque uniformes, leur formation et leur décomposition ne peuvent être l'objet des recherches de l'observateur.

§. 195. — Puisque chaque individu contient en lui-même une quantité de matière viable destinée à être successivement l'objet d'élaborations ultérieures ; puisque la matière qui compose les parties solides ou liquides peut sans cesse revêtir une forme nouvelle et progressive dans l'organisme : il n'est donc plus étonnant que les individus vivans entre-tiennent dans un état presque uniforme l'action des organes qui les composent, sans avoir toujours pour cela un besoin direct des corps extérieurs. Ils peuvent et ils doivent quelquefois, sans recourir à de nouveaux alimens, vivre et s'élaborer quelque temps sur les matériaux mêmes qu'ils possèdent.

§. 196. — Par la même raison, toutes circons-tances égales d'ailleurs, plus les organes d'un être donné et dans un temps également limité, possé-deront d'activité et d'énergie ; plus aussi ils élabo-reront et s'assimileront de matière, et plus ils se renouvelleront eux-mêmes. Mais d'un autre côté, plus dans le corps il se trouvera de matière viable, crue et inélaborée, et plus étendue sera la carrière de ces actions organiques ultérieures. Toute action ou toute réaction d'un organe doit donc, en pro-portion de sa force, de son excès et de sa durée, diminuer la viabilité de la substance qui l'excite : et s'il arrivait que les sources de la viabilité fussent taries, alors l'énergie et la durée d'action des orga-nes épuiseraient le corps lui-même, le consume-raient et ameneraient ainsi la fin de la vie indivi-duelle. Par là l'on conçoit sans peine comment les êtres vivans s'usent et se détruisent par une action trop forte ou trop soutenue de leurs organes.

§. 197. — Mais puisqu'à chaque élaboration de matière viable correspond une décomposition proportionnelle de matière privée de sa viabilité ; l'énergie accrue de tous les organes ou de plusieurs d'entr'eux, doit donc, si les principes de cette théorie sont fondés sur des bases certaines, entraîner de toute nécessité à sa suite, un surcroit proportionné des excrétions ; elle exigera donc aussi, tôt ou tard, l'indispensable besoin de nouvelles matières viables, et d'autant plus viables que l'exaltation des fonctions aura été plus soutenue et plus énergique. Et réciproquement, lorsqu'après un excès d'action dans un organe quelconque nous observons un surcroit d'excrétions, là nous ne pouvons douter non plus de l'élaboration et de l'assimilation de la matière viable.

§. 198. — On doit donc diviser toutes les opérations des organes chez un individu, en celles qui préparent la matière viable provenant du dehors, et celles qui l'élaborent ultérieurement à son introduction, et la perfectionnent dans sa cohésion organique. Ou plutôt, il est nécessaire de considérer l'existence de chaque être vivant, comme elle a lieu dans le grand tout organique ; c'est-à-dire de voir la matière viable une fois admise dans un système, traversant une longue série d'appareils, subissant une suite infinie de métamorphoses et de perfectionnemens progressifs, jusqu'à ce que parvenue au plus haut degré d'organisation auquel elle puisse atteindre dans la sphère où elle se trouve, elle soit enfin réduite, par la perte totale de sa viabilité, à n'être plus que l'objet des excrétions, et conséquemment à être expulsée hors de la périphérie de ce système.

§. 199. — Toute la matière viable emportée dans l'économie, n'est cependant pas contrainte de parcourir et de circuler ainsi d'organe en organe, de même que dans le grand système vivant, chaque espèce inférieure n'est pas nécessairement appelée à une organisation plus parfaite ; mais il arrive souvent au contraire que directement décomposée, elle rentre immédiatement dans l'empire des attractions et des affinités. Il y a plus ; ainsi qu'il existe des êtres du rang le plus subalterne, qui, en vertu d'une élaboration particulière, ou par la force de leurs combinaisons chimiques ou organiques, ne

peuvent être élaborés par ceux d'un ordre supérieur ; de même il peut en être autant des différens membres isolés de toute économie organique.

§. 200. — Chaque organe, chaque partie solide
ou fluide de l'organisme, est ainsi soumise à cette
loi générale, qui lui prescrit de recevoir et d'élaborer une matière viable toujours nouvelle, en dés-
assimilant et en expulsant en même proportion une
matière déjà élaborée et privée de viabilité pour la
forme dont elle était investie. Si cette matière éli-
minée se trouve être telle, qu'elle puisse servir aux
besoins de l'organe supérieur à celui qui la rejette ;
alors elle passe sous cette nouvelle forme, et l'excrétion organique de cette partie devient ainsi l'aliment le mieux préparé et le plus conforme aux
besoins de celle qui lui succède dans l'organisme.
Bien plus, le premier de ces organes est une condition essentielle de l'existence du suivant, qui sans
lui, ne pouvait ni se renouveller ni vivre. Quand
nous voyons, par exemple, que la bile et la salive
cessent de se produire du moment où le foie et les
glandes salivaires cessent de recevoir le sang arrêté
par la ligature ou la section de leurs vaisseaux, nous
en devons nécessairement conclure que ces liqueurs

animales se travaillent dans le sang et sont formées
des élémens que ce fluide général contenait dans
ses premiers canaux. Cette progression organique
se continue jusqu'à ce qu'enfin la matière parvienne à une partie qui n'en trouve plus au dessus
d'elle, à laquelle elle puisse être de quelque usage.
Cette matière n'étant plus susceptible d'être élaborée désormais dans le corps qui la renferme, et
ne pouvant conséquemment plus vivre, devient
l'objet de ses dernières excrétions; et c'est d'une
telle matière que l'individu se délivre sans cesse
durant tout le cours de sa vie. Ce dernier point de
perfection est aussi le plus haut degré de vie qu'elle
puisse atteindre dans le système qui la renferme.
Si donc on veut mesurer la force et la perfection
de la vie par le dégré et la force de l'élaboration
organique, il faut absolument reconnaître, que
dans chaque individu, toutes les parties ne jouissent pas d'une vie également élaborée; mais que
là, comme dans la création entière, il en est de
très-faiblement et d'autres de très-puissamment vivi-
fiées. Pour assigner la perfection relative des parties et des organes, il faut chercher à déterminer
leurs degrés d'élaboration organique, et nous ne

parviendrons à ce but qu'en suivant, à l'aide de l'expérience, la marche progressive de la matière qui s'organise, son point de départ, son dernier terme, et la manière dont elle se comporte dans sa carrière. Quand nous étudierons en particulier les divers organes de la machine humaine et leurs différentes fonctions, nous essaierons, à l'aide de l'observation, de résoudre cet ensemble de problêmes.

CHAPITRE XII.

Récapitulation succinte de la Théorie précédente.

§. 201. — APRÈS avoir étudié les lois les plus générales de l'organisation et de la vie, rendons-nous compte de notre travail ; réunissons en un seul corps toutes ses parties divisées, et examinons dans son ensemble si nous n'avons pas quelquefois abandonné la route de l'expérience et de la vérité.

§. 202. — Nous avons observé d'abord, que tout être vivant ne peut conserver son existence que par l'action et l'influence perpétuelles de quelques corps naturels, sur lui-même. Ces corps sont l'eau, l'air, le calorique, la lumière et les alimens. Nous eussions pu y ajouter quelques élémens naturels, l'électricité, par exemple, et d'autres semblables, si nos connaissances actuelles eussent contenu plus de données ou moins d'incertitude sur leur influence, leur mode d'action et leur nécessité absolue pour la vie ; nous avons donc préféré les négliger entiérement et ne pas les rappeler du tout dans le cours de cette théorie. Dans les premiers, nous avons reconnu aussitôt cette grande différence que si tous ces agens étaient indispensables à la vie, ils l'étaient cependant à des degrés inégaux. Sans avoir néanmoins égard à leur influence particulière, et au mode d'action propre à chacun d'eux, nous avons nommé puissance *vivifiante* ce genre d'influence, qui fait que chacun de ces corps est d'une nécessité rigoureuse pour la vie.

§. 203. — En examinant la chose de plus près, nous avons reconnu, que cette puissance vivifiante n'est point la cause première de la vie dans les corps vivans ; qu'elle est, au contraire, une preuve certaine de la préexistence de la vie, et que c'est seulement à sa conservation qu'elle est indispensable. Nous avons dès lors senti la nécessité de recourir ailleurs pour y trouver l'origine de cette vie. En remontant à celle des temps, nous avons établi en principe, que dès lors une force avait dû agir sur la matière et former ainsi les genres et les espèces qui vivent de nos jours ; et nous avons donné le nom d'*organisatrice* ou d'*organique* à cette première force créatrice. Ainsi le siège ou plutôt le domaine de cette puissance n'est pas la matière en général, mais seulement les êtres vivans, auxquels elle se borne , et entre lesquels elle est répartie. D'où nous avons conclu, que l'origine de chaque être vivant tient à l'insertion de cette force en lui-même, mais que pour son entretien et pour la conservation de la vie qu'elle a pour ainsi dire implantée, il a constamment besoin de la présence et de l'action de la puissance vivifiante; d'où il résulte que puisque cette force doit sans cesse agir dans les êtres vivans, et que pour elle, agir c'est organiser, ces êtres s'organisent ainsi sans interruption.

§. 204. — Ces principes clairs, précis et d'une évidence notable une fois posés, nous avons passé à l'examen particulier de chacune des puissances vivifiantes pour reconnaître la manière dont elles influent sur l'entretien de la vie : nous avons dû commencer dans cette recherche par les alimens et les boissons. La première observation qui nous ait frappé à l'instant, c'est que toute la matière ne peut pas être indistinctement élaborée en êtres vi-vans, c'est-à-dire, se métamorphoser en ces êtres eux-mêmes. Afin de découvrir à quelle sorte de matière est réservé ce privilège ou cette puissance de former des corps organiques, nous avons pensé que la route la plus courte et la plus sûre était de recourir à l'analyse chimique de ces corps. Nous avons reconnu que le nombre de leurs élémens était très-borné, et en raison de leur propriété exclusive, nous les avons nommés *viables* ou *organiques*. Mais puisque ces élémens sont matériellement les mêmes dans tous les êtres organisés sans exception, nous en avons conclu que cette matière possède une tendance égale pour toutes les formes organiques en général, et n'en a conséquemment aucune pour aucune forme particulière : qu'ainsi c'était à tort que quelques philosophes lui avaient attribué la faculté de pouvoir s'organiser elle-même. Mais en considérant également qu'aucune autre matière ne peut être élaborée en êtres vivans, nous avons dû reconnaître que la vie, dans la structure générale du monde, est la véritable propriété et l'incontestable patrimoine de cette matière.

§. 205. — Dès que la vie ne peut avoir lieu que dans la matière viable, et seulement dans celle qui s'organise ; et que cette matière ne peut s'organiser que dans les êtres vivans qui, à leur tour, n'entretiennent que par elle seule leur propre existence ; il s'ensuit que la matière viable et les corps vivans doivent sans cesse et réciproquement agir et réagir les uns sur les autres, et que la vie, dans tous les cas, doit être le résultat de cette activité réciproque. Du côté de la force organique indivi-duelle, cette action ne peut être que sa tendance à organiser la matière qui se trouve introduite dans sa sphère ; et de la part des élémens viables, que cette même tendance à l'organisation et à la vie en général. C'est donc la force organique individuelle qui dirige et détermine cette tendance générale de la matière, sa forme, sa nature, ainsi que son organisation et sa vie. Pour que cette force s'en-tretint sans interruption dans l'individu et ne put s'y éteindre, elle avait besoin d'une activité conti-nuelle, c'est-à-dire, d'organiser sans cesse : elle devoit donc toujours avoir à sa disposition une certaine quantité de matière, d'où s'ensuivait avec évidence la nécessité des alimens.

§. 206. — Cela établi, nous avons remarqué que la viabilité étant une tendance à l'organisation en général, cette disposition doit se saturer et s'anéantir dans la proportion des progrès de la matière dans l'organisme ; et qu'ainsi les élemens viables agissant sur l'individu, et recevant l'action propre de ses forces organiques, perdent leur viabilité dans le même rapport. Mais dès qu'ils cessent de posséder cette tendance pour une forme déterminée, ils ne l'ont que plus forte pour une successive; et dès lors cherchant à s'affranchir de celle dans laquelle ils se trouvent, ils sont dans cet acte favorisés par l'affluence de nouveaux matériaux viables, qui reportent sur eux l'activité des forces organiques. Nous avons donc appris que les êtres vivans échangent sans cesse la matière qui les constitue, et nous avons donné le nom de renouvellement à ce changement. Ainsi, c'est dans la même proportion que les nouveaux élémens se reçoivent et s'assimilent, que les matières déjà assimilées s'échappent par les excrétions. L'action de la matière viable sur les êtres organiques, consiste donc dans l'effort qu'elle fait pour dépouiller la matière vivante de sa structure, afin de s'en revêtir elle-même. En d'autres termes, les corps viables extérieurs tendent à la décomposition des êtres organiques.

§. 207. — Ayant ensuite reporté nos observations sur ce que toute la matière, étant soumise aux différentes forces physiques, doit importer avec

elle, dans les êtres organisés, une action plus ou
moins grande de ces mêmes forces, nous avons
procédé à leurs recherches et au rôle qu'elles jouent
elles-mêmes dans l'économie. L'affinité a surtout
attiré notre attention. Nulle matière, en effet, ne
s'élabore en êtres organiques, sans perdre plus ou
moins de son existence chimique ; ses affinités quiescentes et sa cohésion doivent donc opposer plus ou
moins de résistance à ce changement. Mais le calorique agissant sans cesse contre la cohésion et contre
les affinités quiescentes, et pouvant même à un certain degré, les vaincre et les détruire entiérement,
doit favoriser et seconder les nouveaux liens qui
peuvent avoir lieu dans l'organisme. Il s'ensuit
évidemment que la chaleur favorise et facilite les
forces organiques dans l'assimilation de la matière
viable, dans le même rapport qu'elle opère ses
décompositions chimiques. Or, la vie entière n'étant
que l'organisation et la désorganisation de la matière, le calorique est donc son auxiliaire le plus
constant et le plus essentiel, et vraîment une des
forces qui constituent la vie. Le soleil devant être
envisagé comme le principe de la chaleur et de la
lumière sur notre planète, on peut donc aussi

assurer qu'il est une des premières et des plus puissantes causes de la vie.

§. 208. — De cette considération des forces organiques, des forces chimiques et de la chaleur, nous avons conclu : 1° que de même que dans chaque être vivant il existe deux fonctions, l'une organisante et l'autre désorganisatrice ; de même aussi les forces organiques dominent dans la première, prennent le dessus, et dérobent plus ou moins la matière aux lois physiques et chimiques ; tandis que dans la seconde, elles perdent insensiblement leur empire, et cèdent, dans le même rapport, aux forces chimiques qui s'élèvent proportionnellement sur le domaine qu'abandonnent les forces organiques. C'est pour cela que nous avons quelquefois nommé la dernière *fonction chimique*. 2° Que la combinaison et l'union de la matière excrétée par les êtres organiques ne peut jamais être considérée comme purement chimique, puisqu'elle est, dans tous les cas, le résultat commun du concours et d'un certain équilibre des forces organiques et chimiques, dans lequel les dernières sont comprimées en raison directe des progrès de la matière dans l'organisme, et s'élèvent proportionnellement

dans la circonstance opposée. Nous avons été con-
duits par là à la théorie des décompositions spontanées dans les êtres organiques morts, ou à la
fermentation. Parvenus enfin à l'histoire des matières organiques qui ne peuvent fermenter et qui
sont soumises à l'action seule des eaux, nous avons
posé la théorie des volcans, et reconnu le grand
rôle qu'ils jouent sur la scène de la vie.

§. 209. — Les végétaux ne se nourrissent que
d'eau et d'acide carbonique. Ces substances agissent sur eux par la viabilité et les affinités, et
éprouvent l'action des forces organiques et de la
chaleur. De la combinaison de ces puissances résulte la vie végétale ; et c'est pour cette raison que
nous les avons considérées comme les forces appartenant à ce genre de vie. Toutes les plantes ont,
en outre, un besoin alterne d'oxygène et de lumière : celle-ci commence et entretient les fonctions
organiques en favorisant la formation du gaz oxygène ; celui-là, au contraire, seconde la fonction
chimique et la décomposition qui forme l'eau et
l'acide carbonique. Ces deux fonctions, envisagées
chimiquement, sont vraiement, la première, une
décombustion, et la seconde, une combustion ou

33.

une oxygénation de la matière. Les animaux qui vivent d'air atmosphérique, d'eau et de plantes, indépendamment de l'action des puissances dont nous venons de parler, éprouvent encore l'influence des forces organiques végétales, autant au moins qu'elles subsistent dans la matière qui leur sert d'alimens. Cherchant ensuite une loi de rapport entre la substance organique et l'être vivant qui s'en empare, nous avons trouvé que la promptitude et la facilité des changemens qui surviennent à cette matière sont en raison directe de la perte de viabilité qu'elle essuie ; et que la rapidité du cercle vital dans tout être organique, est en raison inverse de la viabilité de ses alimens ordinaires.

§. 210. — De la nature même de la force organique, qui doit être toujours active, dérive la nécessité du renouvellement ; d'après ce même principe, en considérant cette force comme se différenciant suivant les genres et les espèces, découle aussi le besoin de la génération et de la chûte des individus. C'est pour cela que la vie de chacun d'eux doit être double, générique et individuelle ; la première nécessite le renouvellement, et la seconde la reproduction. L'origine du nouvel indi-

(259).

vidu n'est autre chose que l'insertion d'une force
organique dans la matière convenablement disposée
par une élaboration première. C'est alors seulement, qu'examinant les phénomènes du développement et de la formation successive des parties
organiques, nous avons découvert la plus belle des
lois de la nature, qui est que la force organique agit
en raison des masses qui lui sont soumises. Voilà
pourquoi l'origine d'un nouvel individu se passant
dans un atôme presqu'imperceptible de matière,
est aussi l'instant où la force organique se trouve
être à son maximum, c'est-à-dire à son plus haut
point d'énergie : delà vient aussi que l'accroissement de l'individu offre un affaiblissement continuel
de cette force, par l'extension de son domaine : de
là enfin la prépondérance qu'obtiennent progressivement sur elle les forces anti-organiques. Voilà
pourquoi l'accroissement n'est que la supériorité
continuelle des forces organiques jusqu'au midi de
la vie, de même que le décroissement qui a lieu
depuis lors est dû à la prééminence des forces anti-
organiques. Delà vient aussi que l'élaboration organique et la vie varient à chaque instant, d'après le
rapport sans cesse différent de ces deux puissances.

§. 211. — Tous ces résultats obtenus, nous nous sommes demandé, en nous bornant à l'économie animale, comment donc agissent les corps environnans sur elle? Bien que nous ayons établi, dès le principe de cette théorie, que ces agens externes indispensables à la vie, vivifient tous, sans exception. Cependant, nous avons reconnu, dans le cours de nos recherches, que chacun d'eux possède son mode particulier d'action. En effet, le calorique indispensable aux compositions et aux décompositions, agit sur les êtres organiques différemment que la lumière, qui, chez les végétaux au moins, paraît assez vraisemblablement réservée à la seule décombustion. Ces deux substances ont encore une autre influence que l'air atmosphérique, par exemple, qui dans les deux règnes et à raison du gaz oxygène qu'il contient, est également indispensable à la combustion du carbone et de l'hydrogène, ou qu'enfin les corps employés sous forme d'alimens et de boissons. Parmi ceux-ci, il n'y a non plus aucun rapport entre la manière d'agir des substances viables et de celles qui, non viables, se trouvent accidentellement introduites chez les animaux. Nous avons conclu delà que chacun de ces corps, que nous avons nommés vivifians, possède sur le êtres vivans une influence et des relations qui lui sont particulières ; mais que le résultat général de tous ces rapports dans le globe vivant entier, est l'organisation et la désorganisation constante de la matière viable ; double fait varié à l'infini, selon la nature des forces organiques et celle des puissances vivifiantes. Reste à rechercher maintenant si cette théorie est fondée sur des bases certaines et suffisamment prouvées ! Que la raison, éclairée de l'expérience, fasse cet examen ; et que la postérité en décide.

CHAPITRE XIII.

Remarques sur la Théorie Brownienne.

§. 212. — J'AURAI souvent, dans les autres parties de cet ouvrage, occasion et besoin même, de parler du grand nombre de systêmes et de théories qui, dès le berceau de la médecine, ont été créés dans les diverses écoles : mais comme tous n'embrassent qu'une portion isolée des phénomènes de la vie, je n'ai pas jugé nécessaire d'en faire ici l'examen. Celle de Brown, créée sous nos yeux, me semble seule mériter une exception, parce qu'elle est à peu près la première qui ait paru s'étendre sur l'ensemble de la vie, et que c'est elle dont l'étude longue et approfondie, m'a conduit aux méditations physiologiques que je présente réunies en corps de doctrine dans cet ouvrage.

§. 213. — Le premier principe, ou la base fondamentale de la doctrine Brownienne, est celui-ci. « Tous les êtres vivans possèdent une certaine pro-

« priété qui fait qu'ils diffèrent après leur mort ;
« d'eux-mêmes ou de tout autre corps qui a cessé
« de vivre. Cette différence consiste en ce que les
« corps ambiants extérieurs , et quelques-unes de
« leurs propres fonctions agissent sur eux et y cau-
« sent les phénomènes ou les fonctions particulières
« à chaque espèce de vie. » Ces puissances sont la
chaleur, les alimens, les boissons et l'air atmosphérique, le sang et les liqueurs qui en sont séparées. Les fonctions du système qui produisent les
mêmes résultats, sont la contraction musculaire ,
l'usage des sens, l'action du cerveau dans la pen-
sée et les passions de l'ame.

Cette propriété des corps vivans se nomme *incitabilité* (*incitabilitas*). Les puissances qui agissent
sur eux prennent le nom de *puissances incitantes*
(*postestates incitantes*). Les effets communs de
toutes les puissances incitantes sont les sensations,
les mouvemens, les fonctions intellectuelles et les
différens degrés des passions ou les secousses de
l'âme. Mais puisque le résultat est toujours le même,
quelque soit la puissance qui l'ait provoqué, on
doit, ce me semble, en conclure aussi que chacune
de ces puissances, ou leur réunion, agit toujours

d'une manière identique, et qu'aucune d'elles ne saurait avoir un mode d'action qui lui soit particulière. En suivant cette première idée, Brown désigne sous le nom d'*incitation* (*incitatio*), cet effet commun des puissances incitantes. Or, comme quelques-unes agissent évidemment par impulsion, comme les corps sensibles sur les sens, le sang et les autres liquides sur leurs canaux, et les alimens sur l'estomac, l'air sur la surface cutannée ; les autres dont le mode d'action est moins manifeste, tels que sont par exemple les fonctions de l'ame sur le cerveau, doivent, selon lui, agir aussi de la même manière, puisqu'en dernier analyse, un même résultat suppose nécessairement une même cause. Pour désigner cette espèce d'impulsion, Brown emploie le mot de *stimulus,* et continue ainsi l'exposé de son système.

Dès que les puissances qui agissent sur les êtres vivans, sont chez eux la source de tous les phénomènes de la vie ; qu'elles agissent toutes comme incitantes, et qu'elles ne peuvent même agir autrement, il s'ensuit que la vie dépend entièrement et uniquement des stimulus.

L'incitation résultant des puissances incitantes

et cause générale de la vie est en raison directe du stimulus. A un certain degré elle constitue la santé ; plus haut ou plus bas la maladie.

L'incitabilité et l'incitation sont l'une par rapport à l'autre, telles que la première est toujours en raison inverse de l'action antérieure de la seconde, en sorte que moins les stimulus ont déjà agi sur l'économie vivante, et plus l'incitabilité s'y trouve concentrée et abondante : plus au contraire leur action a été énergique, et moins il y existe d'incitabilité. Un même degré d'incitation produit donc des résultats tout à fait différens, suivant l'état actuel de l'incitabilité existante.

L'incitabilité et les stimulus conservent donc entre eux une balance telle, que lorsque leur force mutuelle est à un degré moyen, l'incitation est alors au plus haut degré possible : celle-ci baisse d'autant plus que les stimulus ont été plus forts ou l'incitabilité plus considérable. Delà la vigueur du moyen âge, la faiblesse de l'enfance et de la vieillesse. La force est le résultat d'une existence maintenue dans de justes limites, et la débilité l'effet de l'excès ou du défaut d'incitabilité.

Ainsi plus l'incitabilité se trouve accumulée,

plus facilement aussi elle se sature, et moins elle peut supporter de stimulus : cette impuissance peut aller au point qu'en dernier résultat, la moindre incitation mettra fin à la vie. Plus, au contraire, l'incitation s'est usée, moins les excitans pourront être supportés, jusqu'à ce qu'enfin il n'est plus besoin que du moindre d'entr'eux pour achever également l'existence.

On peut donc voir s'éteindre l'incitation et conséquemment la vie de deux manières, soit par des stimulus trop nombreux ou trop énergiques, qui élévent l'incitation à un degré tel qu'ils épuisent l'incitabilité ; soit que celle-ci elle-même ait été portée à un degré excessif, et l'incitation au moindre possible. Dans le premier cas, l'incitabilité peut être détruite par un ou plusieurs stimulus réunis : elle peut l'être momentanément ou pour toujours. La surcharge de l'estomac, l'ivresse, la prostration des forces qui suit une chaleur immodérée ou un travail fatigant du corps et de l'esprit, sont des exemples d'un épuisement court et passager de l'incitabilité. Ceux de son anéantissement sont la décrépitude, la mort subite qui suit quelquefois la gloutonnerie, l'ivresse, etc. L'incitabilité épuisée pour un genre de stimulus, ne l'est pas pour d'autres qui n'ont pas encore agi sur elle. Ainsi, une boisson forte réveille celui qu'endort un excès de gourmandise : l'opium aiguillonne l'homme qu'assoupit l'ivresse, etc. Mais l'incitabilité épuisée de cette manière est d'autant plus difficile à se rétablir que plus de stimulus ayant été employés, moins il en reste dont on puisse faire usage, et qu'elle ne peut être entretenue que par leur secours. La *faiblesse* qui résulte de cet état se nomme *indirecte* (*debilitas indirecta*), parce qu'elle ne naît pas du défaut, mais bien de l'excès des puissances excitantes.

Dans la progression de cette faiblesse, l'incitabilité diminuant d'une manière constante, les puissances incitantes agissent d'abord avec la plus grande énergie possible ; l'action des suivantes est moins intense, jusqu'aux dernières qui ne produisent plus aucun effet. Quelquefois cependant, en suspendant la force de l'incitation, et laissant par cela même s'accroître l'incitabilité, cette faiblesse peut être quelque temps retardée.

La seconde manière d'anéantir l'incitation, consiste dans le défaut de stimulus. Ce cas d'affaiblissement porte le nom de *faiblesse directe* (*debilitas directa*) : alors l'incitabilité surabonde parce qu'elle n'est pas suffisamment consommée par les puissances incitantes ; et là aussi un stimulus peut temporairement suppléer à l'absence d'un autre. Ainsi une bonne nouvelle calme un homme affamé ; celui qui est affaibli par le défaut de mouvement recouvre le sommeil par la boisson ; l'opium remplace la privation du vin, etc.

Le siège de l'incitabilité dans les corps vivans, réside dans les nerfs et dans les muscles, dont l'ensemble peut être désigné sous le nom de système nerveux. Cette propriété ne peut se séparer ni différer dans les différens organes ; partout elle est identique, indivisible et la même dans tout le système. La preuve en est que le sentiment, le mouvement et les actes de l'entendement se succèdent instantanément et partout après chaque effort des puissances incitantes : et bien que plusieurs d'elles opèrent sur différentes parties, chacune d'elles réagit sur le système entier au même moment, mais plus vivement néanmoins sur l'organe avec lequel son contact a été le plus intime. Plus, en outre, un viscère quelconque possède d'incitabilité, et plus énergiquement aussi les puissances incitantes agissent sur lui. Ainsi, par exemple, le cerveau et le canal intestinal ont plus d'incitabilité, c'est-à-dire plus de vie que les autres organes intérieurs. Quoiqu'il en soit, l'effet de chaque stimulus, considéré sur toute la machine, est toujours plus grand que ce même effet sur une seule partie. Tel est l'exposé le plus succinct et le plus clair possible de la théorie Brownienne ; passons maintenant en revue ses bases principales.

§. 214. — Il s'agit ici, comme dans tout examen semblable, de déterminer d'abord la valeur et la certitude des principes sur lesquels repose ce système. S'ils ne paraissent assez évidens ni assez solides pour le soutenir, tout l'édifice s'écroulera et tombera de lui-même. Mais s'ils sont certains, il faut encore juger la doctrine qui en dérive, et examiner scrupuleusement si dans son établissement le fondateur ne s'est pas quelquefois écarté de l'expérience et de la saine logique. Et *d'abord* :

§. 215. — Le premier principe de *Brown* n'est pas assez évident, ni assez frappant pour pouvoir obtenir à l'instant un acquiescement général. Car en admettant dans les corps une force ou une pro-

priété quelconque destinée à expliquer les phénomènes de la nature ; cette propriété doit être la plus
simple et la plus claire possible ; ou bien il faut,
avant tout, que le raisonnement démontre la nécessité indispensable où l'on se trouve de l'avancer
et de l'admettre. Quand je dis, par exemple, « que
tous les corps sont pesans », une pareille assertion
ne demande point de preuve, parce qu'elle est
l'objet d'une observation constante, générale, et
qu'elle frappe les yeux de tous. C'est pourquoi,
en expliquant le système du monde solaire, que
l'illustre *Newton* établit avec tant d'évidence, je
n'ai pas besoin d'annoncer la gravitation des planètes sur le soleil ; car cette vérité est contenue
dans cette démonstration générale. Cependant,
comme je ne puis, par ce principe seul, expliquer
la marche des corps célestes autour du centre commun auquel ils appartiennent, je sens la nécessité
de recourir à une autre force, en vertu de laquelle
les satellites solaires lancés en ligne directe, suivent la courbe qu'ils décrivent. Ce théorème partage, il est vrai, la certitude du précédent, mais
ne pourrait cependant servir de base à un système
complet de l'ordre de l'univers. On ne pourrait le

commencer ainsi : *tous les corps planétaires obéis-sent à une force qui tend à les éloigner du soleil par une tangente au cercle qu'ils décrivent.* Cette vérité n'est pas si palpable par elle-même, qu'elle n'ait besoin d'être précédée par un autre. De même, si j'avais commencé ma théorie par ces mots : *cha-que être vivant est pourvu d'une force qui tend à organiser chez lui toute la matière dont il s'em-pare.* Ce principe, tout vrai qu'il est, n'eut pas assurément été, à l'instant même, admis par tout le monde. Mais si, au contraire, j'insinue d'abord le besoin qu'éprouve tout être vivant d'air atmos-phérique, d'eau, de chaleur, de lumière et d'ali-mens ; chacun trouve cette vérité dans sa propre expérience, dans sa sensation même, et tombe d'accord à l'instant de ce point avec moi. Si j'ajoute que la vie de tous est liée à une certaine structure que l'on nomme organisation, et qu'elle s'éteint lorsque cette dernière est détruite ; nul ne peut encore aller contre cette évidence. C'est alors seu-lement que je démontre à mon lecteur, déjà pré-venu, que nous ne pouvons concevoir l'organisation de la matière, qu'en admettant une force particu-lière qui l'y contraint ; et déjà j'ai posé les premières bases de ma théorie. Et bien que la source de cette force, ainsi que sa nature, me soient inconnues, je sais cependant ce que c'est que cette force, ce qu'elle opère, et je n'ai plus qu'à passer dans la suite à l'investigation des lois qui régissent son action. *Brown* commence par l'admission de l'*incitabilité*, en annonçant qu'il ignore si c'est une propriété ou une force. Une telle proposition ne présente ni le caractère, ni les bases essentielles sur lesquelles une théorie quelconque puisse être assise. Il énumère les puissances incitantes, parmi lesquelles il classe les phénomènes mêmes de la vie; ainsi ces phénomènes sont, chez lui, effets et leurs propres causes à la fois. Il dit que l'effet commun des puissances incitantes sur l'incitabilité s'appelle incitation, et que cette incitation embrasse toute la vie, et en est la cause unique. Pourtant, si nous n'apprenons pas, durant tout le cours de l'ouvrage, ce que c'est que l'incitabilité, et qu'ainsi nous ignorions également la nature de l'incitation, on ne nous apprend donc nulle part ce que c'est que la vie; et cependant cette doctrine devait être celle de la vie. *Secondement :*

§. 216. — Indépendamment de ce que *Brown*

débute par mettre au rang des puissances incitantes
les phénomènes eux-mêmes de la vie, tels que la
sensibilité nerveuse, la contraction musculaire,
l'action du cerveau, etc., et qu'ainsi il explique
une chose simple par des données beaucoup plus
compliquées et plus difficiles à concevoir; il nous
annonce en même-temps et en posant les bases de
sa théorie, que la vie végétale est semblable à celle
des animaux, et nous fait espérer que son système
embrassera généralement les deux règnes à la fois.
Mais voilà qu'en expliquant les effets des puissances
incitantes ou des stimulus, il les fait consister dans
le sentiment, le mouvement, les fonctions de l'âme
et ses secousses métaphysiques ou les passions. Il
est évident que pour cette fois il a oublié les végétaux, et cette erreur est au comble lorsqu'il assigne
un siège à l'incitabilité. Car si cette puissance gît
seulement dans les nerfs et les parties musculaires,
comment et de quelle manière vivent toutes les plantes qui n'ont assurément ni les uns ni les autres?
De quelle façon concevoir et surtout expliquer, chez
les animaux mêmes, la formation des os, des poils,
du tissu cellulaire, du sang, et de tous leurs fluides? Toutes ces parties devraient être mortes,

35.

inorganiques, étrangères à toute incitabilité ; et cependant pourquoi ne peuvent-elles se former que dans les êtres organiques? Enfin, si l'incitabilité existe seulement dans les muscles et dans les nerfs, comment se distingue-t-elle de la contractibilité et de la sensibilité? évidemment par une différence seule de nomenclature. Ainsi, toute la théorie de *Brown* se borne aux muscles et aux nerfs, et les lois de la vie qu'il propose sont, selon lui, les lois du sentiment et de la contractibilité, lois qu'il expose sans doute avec sagacité, mais qui étaient pourtant déjà connues en grande partie par *Haller* et son école. *Enfin :*

§. 217. — Le second des principes généraux de la théorie *Brownienne* est celui-ci : « Que l'effet « de toutes les puissances incitantes sur la vitalité « étant le même, le mode de leurs actions doit être « aussi par la même raison identique, et ne peut « différer en aucune façon. » Or, quiconque a bien saisi l'ensemble de notre doctrine, doit aussi reconnaître évidemment que ce théorème entier est plus qu'erroné. S'il avait quelque fondement, la nature, si économe de ses moyens et si simple dans ses procédés, n'eût pas multiplié sans nécessité

les puissances incitantes, dont une seule lui eut
suffi, et la soustraction d'une seule d'elles n'eut
pas entraîné nécessairement la perte de la vie. Le
calorique, l'eau ou l'air atmosphérique eussent dû
suffire à son entretien chez tous les êtres organiques. Au demeurant, quelque énergique et judicieux que soient la manière de sentir et le raisonnement de l'auteur, il n'en a pas moins, dans
l'exposition de sa théorie, péché contre la saine
logique, puisque de ces mêmes prémices il résulte
une conséquence entiérement opposée à celle qu'il
en a tiré lui-même. Le raisonnement, en effet,
le plus naturel et le plus conséquent est celui-ci :
« Puisque la mort suit immédiatement la soustrac-
« tion instantanée de tous les stimulus, et que
« pareille chose avient, lorsqu'un d'eux seulement
« et quelqu'il puisse être, est enlevé à l'économie :
« la vie doit donc être entretenue par l'influence
« de l'action combinée de tous les incitans réunis,
« dont chacun doit aussi posséder une manière
« propre et exclusive de concourir à ce but com-
« mun. » Ainsi tombe le plus ferme appui du
Brownianisme, et je ne pense pas que ses parti-
sans soient en mesure de le relever de cette chute.

C'est aussi par le même motif, qu'après avoir qua-
lifié de puissances *vivifiantes* les forces extérieures
indispensables à la vie (§. 9, 10), j'ai aussi-tôt ajouté
que cette propriété commune n'était qu'idéale, et
j'ai démontré en effet plus tard le rôle que chacune
d'elles est appelée à jouer dans l'histoire de la vie.
C'est pour cela même que j'ai donné plus bas (§. 171)
le nom spécial de *puissances incitantes* aux corps
qui déterminent la manifestation ou les phénomènes
de l'existence chez tous les êtres vivans ; ces phénomènes peuvent *d'abord* dépendre de l'élaboration ou de la décomposition organique ; *en second
lieu*, ils varient dans chaque être, dans chacune
de ses parties, suivant leur organisation et le mode
qu'elles emploient pour élaborer et décomposer la
matière. Il est vrai qu'en n'envisageant qu'un organe
en particulier, toutes les puissances qui peuvent en
exciter l'action semblent agir d'une manière identique ; mais c'est seulement dans ce sens, que cet
organe pris isolément n'a que ce moyen seul, ce mode
unique d'exprimer sa vie. Delà vient que *Brown*,
bornant son système aux muscles et aux nerfs, a été
contraint de se laisser lui-même décevoir par cette
apparence, et de considérer l'effet des puissances

incitantes comme le même sur toutes les parties. Mais peut-on, d'après cela, qualifier une telle doctrine du nom pompeux de théorie complète de la vie?

§. 218. — Nous aurons plus tard occasion de passer à l'explication des maladies qui forme la partie la plus étendue de la théorie *brownienne.* Quant à présent, il ne m'est pas possible de faire mention de cette doctrine si fameuse de nos jours, sans payer à son auteur le tribut d'éloges qu'elle mérite. C'est peut-être la première théorie médicale, qui remontant aux principes généraux de la vie, ait essayé d'en découvrir les lois, et de s'en servir pour expliquer l'état de l'homme sain et malade. Tout en bouleversant son système, il est impossible de ne pas admirer le génie grand et sublime de l'auteur. En effet, généraliser les choses et rapporter la science à des principes simples et généraux, est toujours le caractère d'un esprit riche et créateur : de même que c'est le sceau de la faiblesse de se perdre dans des minuties imperceptibles. C'est donc en respectant le génie de Brown, que je lui reproche les erreurs de sa théorie. Heureux si j'approche moi-même, ne fut-ce que d'un pas de plus, du sanctuaire de la nature.

NOTES.

NOTE Ire (*Voyez page* 41.)

§. 14. — CETTE remarque ne regarde que la vie physique dans son sens le plus stricte, et je ne pense pas qu'il puisse se trouver personne d'assez peu de jugement pour voir dans ce §., non plus que dans tout le reste de cette théorie, aucune idée controverse de ce que la religion nous enseigne sur la vie éternelle et sur l'immortalité de l'âme, entiérement indépendantes de la vie matérielle.

~~~~~~~~~~~~~~~

NOTE II. (*Voyez p.* 42.)

§. 17. — Dans les animaux parfaits, cette union de l'organisation et de la vie frappe les yeux de reste. Une forte contusion de la tête, les blessures de la moëlle épinière, surtout à la sortie du crâne,
~~~~~~~~~~~~~~~

de légères plaies du cou , etc., éteignent sur le champ la vie. Dans ceux qui sont doués d'une organisation moins parfaite au contraire , ainsi que dans les plantes , cette union, pour être moins apparente , n'en est pas moins assurée.

NOTE III. (*Voyez p.* 84.)

§. 60. — Si l'on désirait connaître et évaluer exactement dans quel temps la machine humaine ou tout être organique opère sa mutation complète, il faudrait d'abord prendre toutes ses évacuations réunies, et comparer leur masse commune à celle de la totalité de l'être ; puis reporter la même évaluation sur un seul organe isolé, et enfin sur tous, pour les comparer entre eux.

NOTE IV. (*Voyez p.* 124.)

§. 96. — Cette température paraît être constamment + 10 de Réaumur. D'autres expériences paraissent prouver qu'elle augmente, quoique d'une manière bien insensible , à mesure qu'on s'avance dans l'intérieur.

NOTE V. (*Voyez p.* 143.)

§. 109. — Il s'ensuit que l'opération de l'échauf-
fement et du refroidissement des êtres organiques
est absolument l'inverse de ce qui arrive dans les
substances privées de vie, dont la température
augmente toujours par la combustion.

NOTE VI. (*Voyez p.* 150.)

§. 113. — Puisqu'il ne paraît pas douteux que
la matière de la lumière n'appartienne à la composition du gaz oxigène, et que celui-ci ne puisse
jamais se former sans elle ; il peut aussi se faire
que la lumière ne soit de cette manière indispensable à la végétation, qu'afin de permettre la formation de ce gaz, et que la décombustion en soit
perpétuelle ; de même que ce gaz n'est utile que
pour la formation du gaz acide carbonique.

NOTE VII. (*Voyez p.* 185.)

§. 144. — Les physiologistes ont imaginé de
cette manière l'intus-position de tous les individus

d'une espèce donnée dans ses premiers auteurs ;
de sorte que l'œuf contiendrait déjà le nouvel être
entiérement formé, mais sommeillant d'un sommeil, dont la semence du mâle pouvait seule le
tirer. Et comme cet être renfermait déjà en minia-
ture toutes les parties dont il devait être formé, il
devait conséquemment contenir également sur une
échelle infiniment plus petite encore, les œufs dont
devait se former sa progéniture et ses descendans,
et cela dans une progression et une succession
infinie.

NOTE VIII. (*Voyez p.* 193.)

§. 151. — Ces observations nous rendent encore
plus probable la vérité de notre première assertion (§. 71), sur l'existence d'une force organique,
la même dans les différens genres et les différentes
espèces, et qui ne diffère que par son plus ou moins
d'énergie et de puissance. Car la création vivante
entière n'étant qu'une échelle constante d'organisation, et chaque partie marchant d'élaboration en
élaboration par une série contigue, la puissance
qui travaille les derniers anneaux de la chaîne doit

être plus énergique que les précédentes , qui ne pouvaient la porter jusqu'à ce point.

~~~~~~~~~~~~~~~

NOTE IX. (*Voyez p.* 251.)

§. 204. — Indépendamment des principes constituant des corps organisés, que nous avons annotés (§. 41 et 42), ces corps contiennent une quantité extrêmement abondante de chaux, qui jointe aux acides phosphorique et carbonique, constitue les os des animaux. Mais cette espèce de matière terreuse, selon toutes les probabilités, est elle-même un corps composé et le produit intégral de l'organisme ; ce que je pensais depuis long-temps de la soude et de la potasse. Le fer lui-même qui se trouve çà et là en petite quantité dans l'économie vivante, peut fort bien être aussi un corps composé, ou reconnaître un certain degré de viabilité.

~~~~~~~~~~~~~~~

NOTE X. (*Voyez p.* 262.)

§. 213. — V. Joannis Brunonis elementa medicina. §. X. Observations on the principles of the old system of physic, pag. 84. — §. XXII. Quo-

niam sola potestate communes omnia vitæ creant,
et solum earum opus stimulans est; in stimulo
igitur omnia quoque vitæ omnis sive secunda, sive
adversa valetudo, nec in ulla alia re consistunt. —
§. XXVI. And on the contrary, the more the
excitability has been worn out, the less stimulus
dow it bear, till again, the smollest portion will
produce death.

NOTE XI. (*Voyez p.* 272.)

§. 216. — Quod dictum, quidquid in rebus vitale ut comprehendit;uque ad plantas pertinet.
Ibid, §. X.